改变世界的
中国科技力量

卫星导航

中国科学技术馆 / 编著

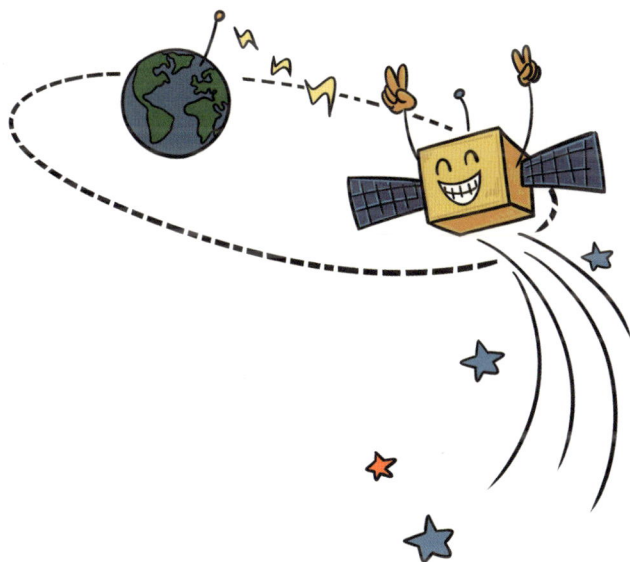

化学工业出版社

·北京·

图书在版编目（CIP）数据

卫星导航 / 中国科学技术馆编著 . —北京 ：化学
工业出版社， 2024.8
（改变世界的中国科技力量）
ISBN 978-7-122-45560-4

Ⅰ . ①卫… Ⅱ . ①中… Ⅲ . ①卫星导航 - 全球定位系
统 - 中国 - 少儿读物 Ⅳ . ① P228.4-49

中国国家版本馆 CIP 数据核字（2024）第 091909 号

责任编辑：龙　婧　徐华颖　　　　文字编辑：蔡晓雅　　　　插画：刘　伟
责任校对：刘　一　　　　　　　　装帧设计：史利平

出版发行：化学工业出版社（北京市东城区青年湖南街 13 号　邮政编码 100011）
印　　装：中煤（北京）印务有限公司
710mm×1000mm　1/16　印张 7¼　字数 66 千字　2025 年 10 月北京第 1 版第 1 次印刷

购书咨询：010-64518888　　　　　　　　售后服务：010-64518899
网　　址：http://www.cip.com.cn
凡购买本书，如有缺损质量问题，本社销售中心负责调换。

定　　价：58.00 元

序·言

科技是国家强盛之基，创新是民族进步之魂。从新中国成立初期的科技奠基，到如今在全球科技舞台上崭露头角并成为具有重要影响力的科技大国，中国科技事业的每一步跨越，都凝聚着几代科研工作者的心血与智慧。为了让青少年真正读懂中国科技的发展脉络，感受创新背后的力量，激发他们对科学的热爱与探索热情，中国科学技术馆精心策划并编写了这套"改变世界的中国科技力量"科普丛书。

这套书是一扇"动态生长"的科技窗口——它不设固定的内容边界，将始终紧跟中国科技的创新步伐，把每一个新领域的突破、每一项新技术的成熟，及时纳入其中。无论是已聚焦的卫星导航、载人航天等领域的标志性成果，还是未来将解锁的更多前沿方向，我们都希望通过"讲清科技原理"与"展现实践价值"的结合，让青少年走近科技：从北斗导航如何为全球提供精准定位服务，到蛟龙号深潜深海时克服的技术难题；从生物医药攻关如何守护大众健康，到新能源技术怎样推动绿色发展转型……这些内容不仅源于中国科技的真实实践，更试图连接青少年的学习与生活，让他们明白科技不是遥远的"专业术语"，而是能切实改变世界、改善生活的创造力。

为了让这份"科技对话"更有温度、更具深度，我们联合了各领域的权威专家与资深科普工作者：专家团队以严谨的学科素养把控内容的科学性，确保每一个知识点都经得起推敲；科普工作者则用启发式的语言、生动写实的插图，打破"纸上谈兵"的局限，让晦涩的前沿知识变得可感可知。

同时，我们还为这套书的难点内容配套了讲解视频，以二维码链接的形式呈现在书中，读者扫码即可"走进"科技馆，直观感受科技的神奇，进一步加深对知识的理解与记忆。我们始终相信，科普不该是静态的知识传递，而应是互动式的探索引导，策划这套书的初心，便是为青少年搭建这样一个"可触摸、可思考"的科技平台。

我们期待，这套书能成为青少年了解中国科技创新的桥梁：当他们读到科研工作者攻坚克难的故事时，能感受到自立自强的精神力量；当他们理解某项技术如何从设想变为现实时，能激发探索未知的好奇心。或许今天，他们是在书中解锁科技知识的读者；未来，他们会成为投身科技实践、为中国科技添砖加瓦的创造者。

最后，衷心感谢每一位参与丛书编写的专家与科普工作者——是你们的专业与用心，让这份"科技邀约"得以落地；也感谢化学工业出版社的鼎力支持，让这套书能顺利与读者见面。

现在，不妨翻开书页，一起走进中国科技的世界，见证那些改变世界的中国科技力量，也期待大家与我们一同迎接更多未来的科技惊喜。

中国科学技术馆

CHINA SCIENCE AND TECHNOLOGY MUSEUM

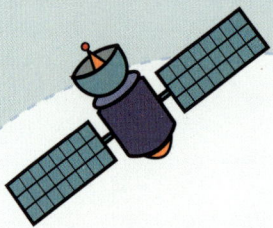

前·言

在正式开始阅读之前，希望聪明的你先思考一个问题：我们所处的世界大吗？

也许你会说，我们所处的世界当然很大。一个普通人走上一天也不过是几十公里的路程。光我们国家就有许许多多的城市和乡村，南北东西纵横 5000 多公里，放眼整个地球，其广阔更是难以想象。

也许你会反驳，虽然我们的身体很渺小，但人类拥有智慧，可以制造各式各样的交通工具，有的能在路上跑，有的能在空中飞，有的能在水里游。有了它们，我们可以在很短的时间里走完遥远的路途，原本很大很大的世界对掌握科技的人类来说，也不过是一个地球村罢了。

可以说，这两种看法都是对的，只是角度不同。几千年间，人类的个头没有太大的变化，地球也依然是我们广阔的家园。不过，令古人无限感慨的艰难旅程，到了现代也许只需要一两个小时就能平安到达。文明的进步、科技的发展扩大了个人的活动空间，所以我们能用有限的生命探索巨大的世界，去见识地球上丰富多彩的风景。

那么，在所有的旅程中，我们首先要关心的事情是什么呢？是飞机有多快，还是列车有多稳？是座位舒服不舒服，还是能不能连上网络？都不是。我们首先要关心的，是能不能准确规划路线，顺利到达目的地，以及能不能同样顺利地回家。如果做不到这些，路上再怎么舒适、便捷和快速，都没有意义。当我们无法控制自己去哪里，甚至不清楚自己在哪里的时候，我们眼中的世界依然是陌生而庞大的。

而知晓位置、规划路线，就是导航要做的事，可以说，导航是我们人类用智慧缩小世界的第一步。

在我们所处的现代，导航的"主力队员"是一群在天上工作的小能手，它们就是导航卫星。因为有了它们，我们可以随时确认自己所在的位置，哪怕马上就要前往陌生的城市，也不用担心迷路。几乎每一个现代人都能熟练使用与导航相关的APP，也正是因为太过熟悉，我们有时候会忘记，能够时刻获得高科技之星的帮助是一件多么了不起的事。

更重要的是，从感叹天地苍凉、路途遥远，到自己制造星辰、把大大的地球变成小小的村庄，我们在漫长的历史中用科学技术创造了奇迹。迷航、导航、创新、进步，你是否也好奇人类经历了什么？你是否也想知道，卫星导航系统为什么这样先进？导航卫星是怎样工作的？令我们中国人无比骄傲的北斗系统又有什么特别的故事？

在这本书中，我们就来寻找这些问题的答案。我们将从导航的历史讲起，看一看人类尝试过哪些不同的导航方法，为什么最终把卫星导航当作最重要的方案。接下来，我们还会像认识朋友一样，去认识北斗小组里各具个性的卫星成员，看一看它们带了什么高科技设备去天上，还有它们上班的时候会做什么，怎样隔着遥远的距离，帮助地面上的我们。

也许你听说过，导航卫星并不是上了天就能自动完成所有任务，它们也需要地面工作站的监督和照顾。而身为用户的我们，更不能两手空空，靠意念来接收卫星信号。卫星导航系统并不只包括天上的卫星，它还有一些重要的部分留在地球上，随时和卫星小队配合。我们也会介绍这些"幕后英雄"，看看它们是怎样和天上的成员们一起努力的。

了解完整个"导航团队"，卫星导航系统还有更多惊喜在等着我们。为出门在外的人指路是卫星导航最平常的功能，但绝不是唯一的功能。它还可以帮助人们了解大自然，提醒人们灾难即将发生，为其他重要的系统提高效率，在关键时刻甚至可以拯救生命。我们会看到卫星导航如何在不同的任务中挺身而出，发挥重要的作用。

当然，最精彩的还是中国北斗的故事。从只有两颗卫星，到成为全世

界最重要的卫星导航系统之一，我们的北斗解决了不计其数的难题。在卫星导航系统的建设上，我们曾经是落后的，每走一步都无比艰难。但中国的科技团队用智慧和勤奋不断追赶，让今天的北斗拥有了过硬的原创亮点，并获得了全世界的认可。

相信看完这本书，再一次使用导航工具的时候，你不会再把它当作日常生活中的小事。你会想到遥远的卫星如何不知疲倦地运转，地面上的站点如何尽职尽责地工作；你会想到看不见的信号在空中穿行，传递着重要的信息，除了我们日常使用的手机，还有别的设备和导航卫星搭档，完成更精准、更细致的工作；你还会想到，我们的北斗在天上，就像真正的北斗星一样，为人类指明方向，让我们永不迷路。

回到最初的话题，卫星上天了，导航先进了，交通便利了，我们生活的世界既变大了，也变小了。说它变大了，是因为我们不再担心走错路，可以去的地方变得很多很多。也正是因为可以去的地方多了，巨大的世界不再因陌生而显得神秘无边，反倒像熟悉的小社区一样，可以随便走走，到处遛遛。

而当我们安心行走，四处探索的时候，头顶的星辰会一直注视着我们。曾经，我们十分依赖宇宙中自然形成的天体，但现在，我们拥有了自己的"星之队"——中国的北斗。它不仅仅是我们的引路者、好帮手，还让我们时刻想到中国科学家和工程师不怕困难、勇于创新的精神。当我们在无形的路上走向未来的时候，这种精神就是我们最好的导航，我们会在它的指引下不断向前。

目 · 录

为了找到好用的**导航**，人类做出过哪些**努力**？

我在哪里？如何才能前往我想去的目的地？这是两个十分普通的问题，也是两个相当深刻，甚至蕴含着哲理的问题。

从古至今，人类在不断地探索世界。在遥远的古代，出远门是一件非常困难的事情，很多人一生都不会离开自己的家乡。经过了千百年的进步和发展，我们才把无边的大地变成了可以到处串门的地球村，"环球旅行"也从艰苦的跋涉变成有趣的活动。未来，我们还有可能离开地表，冲出大气层，去探访遥远的太空。

不过，无论去哪里，无论走多远，我们都要首先解决开头提到的两个问题。围

定位与导航

人们平常所说的"导航"，往往包含了"定位"和"导航"两层含义。

定位解决的是"我在哪里？"的问题。针对某一个点，给出足够具体的位置信息，定位就完成了。导航则要回答"如何才能前往我想去的目的地？"的问题。无论采用什么方法，导航都需要指出合理的路线，引导人们从起点到达终点。

当然，寻找路线的时候，人们总是要先了解起点和终点在哪里，所以定位是导航的前提。

绕这两个问题展开的探索和实践，就叫作定位导航。为了得到准确的答案，人类一直在思考、尝试和创新。

缺乏工具的年代，人类如何导航？

在很久很久以前，我们的祖先过着近乎原始的生活，手中只有最粗糙的工具，没有一样是可以直接用来导航的。

那么在那个时代，人类就不需要导航了吗？当然不是。外出打猎、采摘果实，以及侦察周围有没有危险时，都需要人们清楚自己的位置，了解来往的路线。在缺乏工具的年代，人们往往会就地取材，依靠自然界的景物标记位置、识别方向。

最直接的方法是寻找参照物。比如记住沿途经过了什么样的山川河流，

或者每走一段就用附近的石头垒一座石堆，有了它们作为标记和参照，人们回家的时候就不容易走丢，再次启程的时候也知道怎么确认自己是否走在正确的路线上。

至于识别方位，通过对环境的长期观察，古人发现了一些有趣的自然规律。比如在北半球，蚂蚁的洞穴常常洞口朝南，石头上苔藓多的一边朝北，树木朝南的一面生长更加旺盛……有了

自从学会了看星星，再晚也能找到回家的路……

这些小诀窍，人们在野外也可以辨别东南西北。

这些方法中最重要的当然是对太阳和星辰运行规律的观察和总结。我们都知道太阳清晨在东边升起，傍晚在西边落下，也知道通过北斗七星的勺头指示可以找到北极星。人们曾经深入地研究过用天体导航的技术，研究结果不仅方便了当时的生活，还为下一个时代的导航技术的发展奠定了重要的基础。

这些古老的导航设备你认识吗？

随着文明的发展，人类不再满足于生存和繁衍，而是想要看到更大的天地，认识遥远的朋友，寻找未知的奇境。于是，为了获得更加可靠的导航信息，人们开始制作和使用各式各样的工具。

在用于导航的老物件之中，我们最熟悉的当然是位列中国古代四大发明的指南针。指南针之所以能指南，原因在于地球有磁场。处在磁场之中的物体，如果自身带有磁性，就会扭转移动，将自己的北极指向磁场的南极，而地球的磁场南极恰好就在地理北极附近。

到了宋朝，人们已经能够熟练地制作磁化指针，还能把指南针做成不同的样式：有的浮在水上，做成小鱼儿的造型；有的系上细线，吊起来使用；还有的用支撑轴支起来，更像现代人也会接触到的设备。后来，我们的指南针还传到了西方，发展成为全世界都在使用的导航神器。

指南鱼

旱罗盘

悬挂型指南针

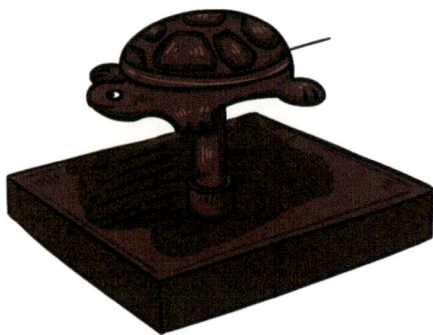

指南龟

指南针与航海

指南针的发明是世界人类文明史上的重大突破，对科学技术的发展进步起到了不可估量的作用，它被广泛地应用于军事部署、航空航海、地质考察等多个领域，而关于指南针在我国航海领域的最早记载甚至可以追溯至北宋年间的《萍洲可谈》："舟师识地理，夜则观星，昼则观日，阴晦观指南针。"

"指南针与航海"展品（位于中国科技馆主展厅一层"华夏之光"展厅）展示了我国古代指南工具的发展过程及其对世界航海史的意义。指南针历史悠久，发展至汉代时人们已经将司南（指南针的前身）作为导航的重要工具了。人们将天然磁体磨成勺状，置于一个标有二十四方位的青铜地盘中央，拨动磁勺使其自由转动，静止后勺柄指的方向就是南方。到了北宋时期，又逐渐发展出水浮法指南针、指南鱼，以及缕悬法指南针，极大地提高了方位指示的精确性。

与此同时，人们也开始制作人工磁体代替天然磁体，使指南针得到更广泛的应用，由此衍生出水罗盘、旱罗盘，并传到西方。水罗盘的应用一直延续到清朝时期，西方改造后的旱罗盘再次传入中国，我国开始仿制国外的旱罗盘。中西合璧后的旱罗盘灵敏度高，使用更加方便，被广为应用。

指南针应用的是地球磁场，另一些古老的工具则把目光投向了天空。经过长期的观察，人们发现天体在导航上还有潜力可以挖掘。比如，从不同纬度观察太阳，我们会发现它在天空中的位置各不相同。

15 世纪时，水手开始用星盘观测天体，根据测量数据推算船只所在位置的纬度。在此之后，人们一边实践一边钻研，先后发明了十字测天仪、反向高度仪和六分仪。这些仪器的核心功能没有太大差别，都尤其重视对太阳高度的测量，但它们逐渐解决了观测结果易受海浪颠簸影响、需要肉眼直视太阳等问题，一代比一代更好用。到了 18 世纪，六分仪、航海钟、指南针和地图组成了冒险家的导航四宝，在某种意义上，它们也成了冒险精神的象征。

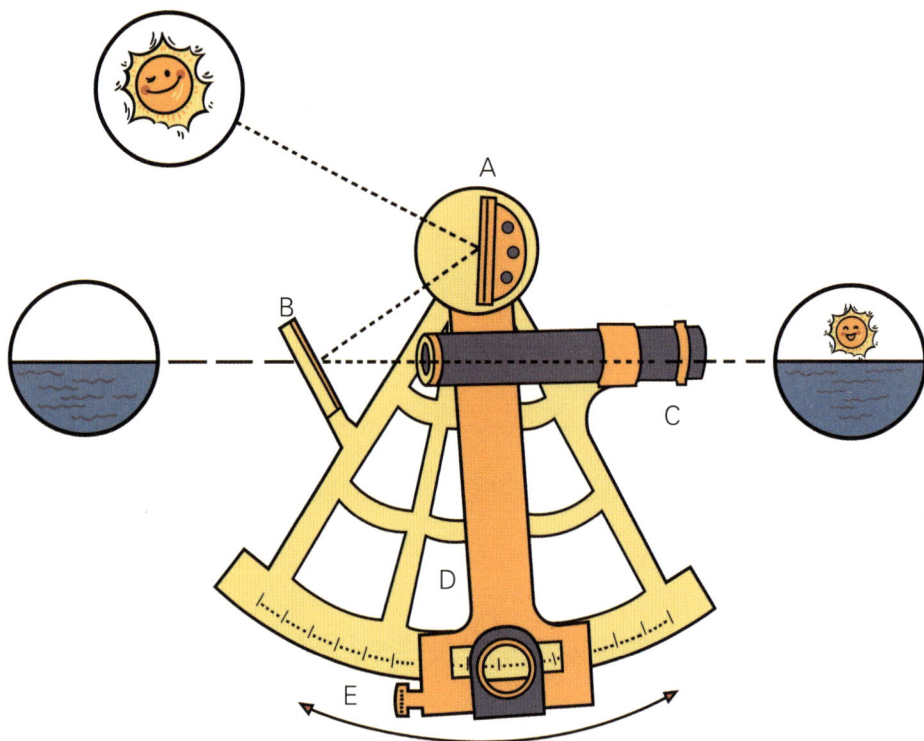

六分仪

A—指标镜；B—地平镜；C—望远镜；D—指标臂；E—弧形刻度盘

经度难题与航海钟

如果想在一页课文之中快速找到一个词，你可以问一问这个词在哪一行哪一列。如果想在地球上快速找到一个地方，你可以问一问这个地方的经度和纬度是多少。

经纬线的历史非常悠久，在很久以前，它已经开始帮助人们整理地图、标记位置。很显然，经度和纬度是搭配使用的。然而在历史上，人们先掌握了确定纬度的方法，却迟迟不能以同样的准确度确定经度。

　　其实，时差现象已经给出了确定经度的办法。两个地方经度差异越大，时差就越大。那么反过来看，如果能够测出时差，自然就能根据一个地点的经度推算另一个地点的经度。问题在于古代的钟表比较落后，很难达到定位导航所需的准确程度。直到18世纪，人们才终于有了可靠且便于远行携带的航海钟。

随着时代的进步，科学技术的发展不断加速。电磁波、惯性、微积分、电子设备、计算机……人们发现和总结了古人想都不敢想的自然规律，找到了精妙的数学工具，创造了新时代的仪器。所有这些都将让导航更新换代，拥有新的前景。

随着物理学和数学的进步，人们越来越了解物体运动的规律，也萌生了这样的想法：如果能一直准确知晓行驶的速度和加速度，掌握向什么方向走了多远，我们就不需要观察周围的环境，通过一系列计算来确定位置即可。

在这种思路的引导下，人们在 20 世纪发明了惯性导航系统，它的核心部件就是大名鼎鼎的陀螺仪和加速度计。

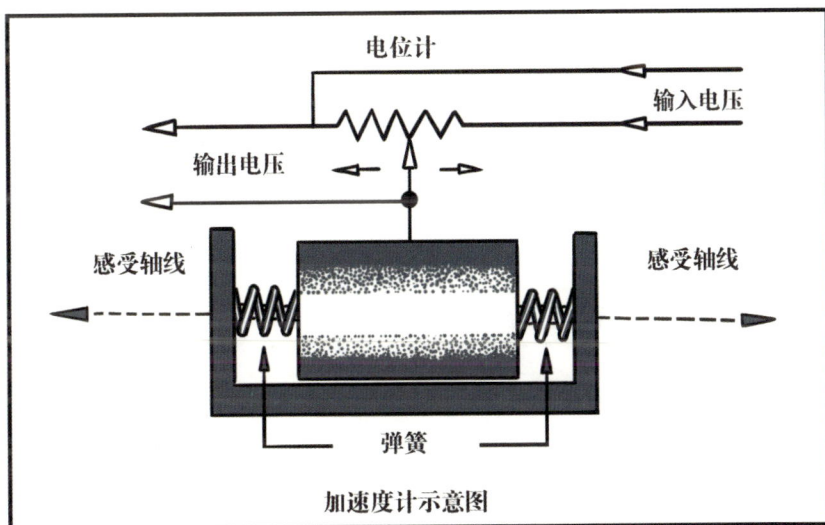

陀螺仪和加速度计

与此同时，另一种先进的导航技术也来到了我们身边，它就是无线电导航。发现电磁波之后，人们对这种看不见摸不着却能在空间之中飞来跑去的东西产生了极大的兴趣。根据它的传播和反射规律，人们发明了探测障碍、定位物体的雷达，掌握了频率和波形之后，人们又用它收发信号，传递信息。人类对电磁波的应用越发顺利，也自然而然地萌生了用它导航的想法。

事实证明这是一个好主意。只要有合适的设备，电磁波就可以在导航台和外出的用户之间收发信号，一边确定位置，一边传递路线信息。一开始，无线电导航只能配合地面上的导航台，随着航天科技的发展，人们把导航台的一部分功能搬到了天上，我们这本书的主角——卫星导航系统——就这样诞生了！

导航方法这么多，为什么**卫星导航**最可靠？

从遥远的古代，到科技发达的现代，人类尝试过很多种导航方法，积累了大量的经验。

事实上，有些旧方法和老工具并没有彻底退出历史舞台。比如六分仪经过了高科技升级，现在也在参与海上导航；比如飞机的重要部件也包括陀螺仪和加速度计。在现代，导航是一个多种方法互相配合、互相补充的系统。

不过，在众多导航方法之中，卫星导航是毫无争议的"C位明星"。20世纪中期，全球首颗人造卫星升空之后，科学家和工程师就开始思考卫星导航的可能性和实施方案。在不到一百年的时间里，卫星导航系统经历了几轮"上新"，如今已经有了丰富的应用，成了现代生活中不可缺少的一部分。

那么，卫星导航为什么如此受欢迎？它的可靠之处究竟体现在哪里呢？

有个坏消息，你想知道不⋯⋯⋯

遇到这些情况，卫星导航会不会失效？

如果观察一下大自然、做一些简单的标记就可以找到路线，我们为什么还要创造和使用导航工具呢？

其实，即便是从科技的角度讲，古老的方法也不一定就是落后的，比如经纬线就有上千年的历史，现在也在和一众"后起之秀"并肩工作。我们之所以不能满足于那些近乎原始的导航方法，最重要的原因在于，它们太容易被环境和天气所影响。

在一个树木繁茂、生机勃勃的地方，你可以通过观察枝叶、苔藓和蚂蚁的窝来判断方向，但如果你要横穿沙漠或者大海，又该怎么办呢？在晴朗的天气里，天体举目可见，但如果头顶乌云密布，海上风浪大作，天空中哪还有太阳和星辰的影子？至于用石块做的标记，就算在树林之中，它们也相当脆弱，可能转眼就被路过的动物踢翻了。

但对卫星导航来说，这种问题几乎是不存在的。成熟的卫星导航系统会为全球用户提供服务，信号可以覆盖城市、乡村、海上、旷野等绝大部分地区，只要你随身携带用户设备，就可以接收卫星信号。

面对多变的天气，导航系统也经常能够维持正常的工作状态，不会被常见的阴雨乌云所影响，不会出现天空一发灰，导航就罢工的情况。许多人都有过在雨雪天气使用卫星导航的经历，也没有觉察到太多不便。可以说，无论是一路阳光，还是风云变幻，卫星导航系统都可以做你忠实的向导。

在评价一种导航系统性能如何的时候，除了看它是否容易被外界影响，我们还要关注什么呢？当然是它是否方便使用，是否足够精细。如果一种导航系统很容易出问题，甚至很多时候你不认识的地方它也不认识，那么就算它拥有金刚不坏之身，我们也不能说它是可靠的。

天气不会总是晴朗，当然也不会总有风雨。也许有人会问，如果在晴天时用六分仪找准目的地的纬度，然后在指南针的指示下直线行驶，导航问题是不是就解决了呢？

当然不是。就算是一个人控制自己的双腿在旷野上走直线，也往往不像看上去的那样简单，更何况茫茫大海上还有波涛、海风和暗流。别忘了，指南针指示的是方向，它并不知道你要去哪里，也不会在你偏离航线的时候主动提醒你。

更重要的是，在现实中，旅途不可能只关注起点和安排好的终点。航行还要多久？如何在中途推算船上的食物够不够？情况有变化，我们能不能重新计划去别的地方？如果想随时知道这些问题的答案，你就必须全程知晓自己的准确位置。

正因如此，传统的导航方式使用起来很麻烦，在相当多的情况下是不能让人满意的。我们需要更加准确、能提供全方位服务的导航。在这方面，卫星导航的表现可以说是近乎完美的。卫星导航系统可以全天候工作，在任何时间指出我们的位置，还能实时刷新路况，汇报前方是不是畅通无阻。在智能设备以及软件的指引和提醒下，我们可以随时确定自己是否走在了正确的路线上，也可以随时改变计划，尝试新的路线。

定位精度

在导航领域，有一个概念叫作"定位精度"，专门衡量导航的定位功能有多准确。在现实中，定位精度有几种不同的算法，会和概率搭配使用。

举个例子，如果一种导航的定位精度是10米，那么我们可以认为，在多数情况下，这种导航能够把我们送到距离目的地10米之内的地方。10米以内的事物一看便知，这样的定位精度用在日常认路上可以说是绰绰有余了。

对现在的卫星导航系统来说，10米的定位精度不难达到。在向全世界介绍自己的功能和服务水平时，我国的北斗系统承诺的定位精度就是10米。更了不起的是，在2022年11月，中国卫星导航系统管理办公室主任冉承其宣布："（北斗系统的定位精度）已经实现了5米甚至更优，在局部地区可以达到2~3米的定位精度。"

　　而且，不大于10米的定位精度也不是现代卫星导航的极限，中国团队已经以北斗为基础，着手实现厘米级定位，相关的研究和实践目前也已获得成果。

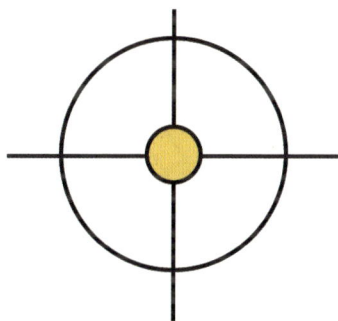

高准确，高精度

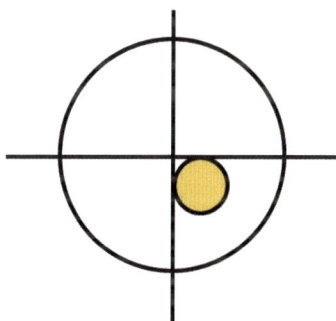

低准确，高精度

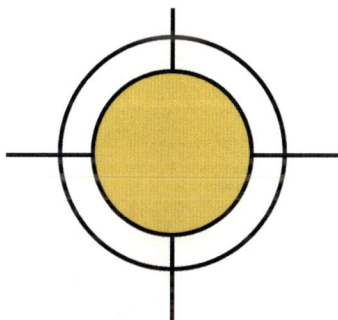

高准确，低精度

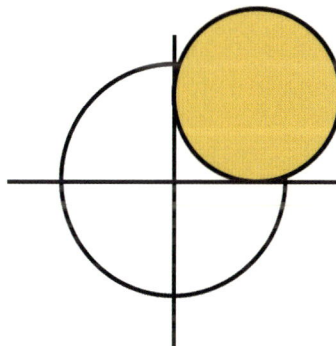

低准确，低精度

　　当然，卫星导航并不是唯一一种高科技导航，惯性导航和地基无线电导航也能解决传统导航解决不了的问题。那么在这两种现代方法面前，卫星导航的优势又体现在哪里呢？

　　惯性导航最大的特点是依靠内部计算来导航，外面雨雪随便下，大风随便吹，它只管算它自己的。这决定了它有不受外界干扰的优点，但也意味着它不会跟外界核对情况，检查计算结果。要知道，就算是最先进的计算方法，也难免出现一些小误差，如果不能及时核对和纠正，小误差就会积累成大偏差。所以惯性导航的问题在于，使用时间越长，它就越不准确。

　　相比之下，无线电导航就耐用得多。信号在导航台和用户设备之间飞来飞去，计算数据的同时就在核对位置，可以在

很长很长的时间里保持准确。那么这种方法的弱点是什么呢？对于地基无线电导航来说，对导航台的过度依赖是个问题。导航台建在了某个地方，附近一定范围内可以使用导航，一旦离开了这个范围，你就收不到可靠的信号了。

这时，就轮到卫星导航闪亮登场了。卫星导航拥有无线电导航的优点，与此同时，它还解决了地基无线电导航的问题。导航台的一部分功能被搬到了天上，导航卫星一边绕着地球转动，一

边向地面上的用户发送信号，一个卫星导航系统就可以覆盖全球，为全世界的用户提供服务！

　　毫无疑问，导航卫星在系统中承担了重要的职责，而帮助它们完成使命的，是一系列高科技装备。那么，导航卫星会带什么高科技装备去太空呢？

坐火箭上班，在高空遨游，俯瞰美丽的蓝色星球，成为顶级的定位小能手——这样的生活你羡慕吗？

这就是导航卫星的日常。不过，在有趣之余，这也是一份容不得半点马虎的工作。太空环境和地面大不相同，从离开地球到开始导航，我们的卫星需要克服一系列困难，才能承担起为人们指路的重任。

一身的高科技装备，就是导航卫星顺利上岗的关键。也许你会觉得它的样子怪怪的，像一个机器精灵，不过请记住，把设备发射到太空中是非常费时费力的，科学家和工程师不会让航天器随身携带无意义的装饰。所以，无论是奇特的"翅膀"，还是不装东西的"大锅"，导航卫星身上的一切物品都能派上大用场。

下面，我们就来看看卫星的工作环境，还有那些神奇的"装饰"。

人造卫星去太空上班，也要面对很多困难吗？

我们都知道，把航天员送上太空是一件很不容易的事，因为那里的环境并不适合人类生活。至于人造卫星，它们不用吃饭喝水，

烦人的家伙！

瞧不起了我们！嘿嘿嘿……

也不用洗澡睡觉，这些高科技精灵去太空上班，能碰到什么样的问题呢？

首先是能源问题。人造卫星可以不吃饭，却不能不获取能量。供电跟不上，它们就算有一身的本领，也没有办法使出来。太空没有现成的充电插头，人造卫星总不能刚在轨道上转两圈，就跑回地面充电吧？

接下来是气体阻力问题。因为需要为地面提供服务，有很多人造卫星被安排在距离地球比较近的轨道上，但这样一来，它们在运行的时候就会遇到大气中的微粒。可不要以为微粒的力量微不足道，在它们的不断碰撞下，卫星会脱离正常轨道，甚至不堪其扰，不得不提前退休。

太空天气和辐射的影响也不容小觑。虽然很多人造卫星并没有彻底远离大气层，但它们毕竟不像地面上的设备，完全处在大气层的保护之下。异常的温度、高能粒子的"暴雨"，还有游走在宇宙中的射线，都有可能破坏设备，让卫星无法正常工作。

太空的工作环境就是这样复杂而充满危险，不过不用担心，我们的导航卫星已经拥有了一身了不起的装备，足以应对一切。

卫星身上最显眼的，当然是那双酷炫的"翅膀"。

不像鸟儿的翅膀，长满了羽毛；也不像昆虫的翅膀，轻薄小巧。卫星的"翅膀"看上去光溜溜的，而且颜色深沉，如果你仔细观察，还能发现表面有许多"格纹"。这种翅膀叫作"太阳翼"，它的功能并不是飞行，而是提供能源支持。

在乘坐火箭去"上班"的路上，太阳翼是折叠起来的。等"到站下车"了，卫星会展开"翅膀"，准备好正式进入工作状态。

太阳翼的主要组成部分是太阳能板，有了它，导航卫星就有了使用天然资源的小型发电站，可以安心留在天上执行任务，不用担心能量问题了。

还有一些部件，虽然看起来没有太阳翼酷炫，却和太阳翼一样必不可少。

卫星受到外界影响，偏离轨道怎么办？没关系，它们有姿态和轨道控制系统，不仅可以防止走丢迷路，还能矫正姿态，不让卫星随意扭动翻转。

卫星在太冷或太热的环境下"生病"罢工怎么办？不用怕，它们有热控制系统，会时刻监测和调节温度，保证各种设备都能正常工作。

太空辐射太强，破坏部件怎么办？别担心，科研团队想到了多种应对措施，除了使用高科技材料抗辐射，还可以让卫星做好两手准备，多带两套模块上天。

前面提到的系统和部件，大部分都不直接参与

光伏发电：不断演进的绿色技术

太阳能发电，也叫"光伏发电"。它的主要原理是半导体的光电效应：在光的照射下，某些物质内部的电子会吸收能量，然后溢出形成电流。

在中国科技馆四层的"挑战与未来"展厅里，有一件专门展示光伏发电发展过程的展品。通过点击启动按钮，点亮射灯，对比几代太阳能光伏板的工作状态，观众可以直观地看到这项技术的巨大进步。

导航，但它们和其他伙伴手牵手，组成了一个可靠的后勤小队，搭建起稳固的平台，全力支持负责导航的设备，大家称它们为"卫星平台"。

那么直接参与导航的设备有哪些呢？这就要提到卫星身上另一个引人注意的部位了。

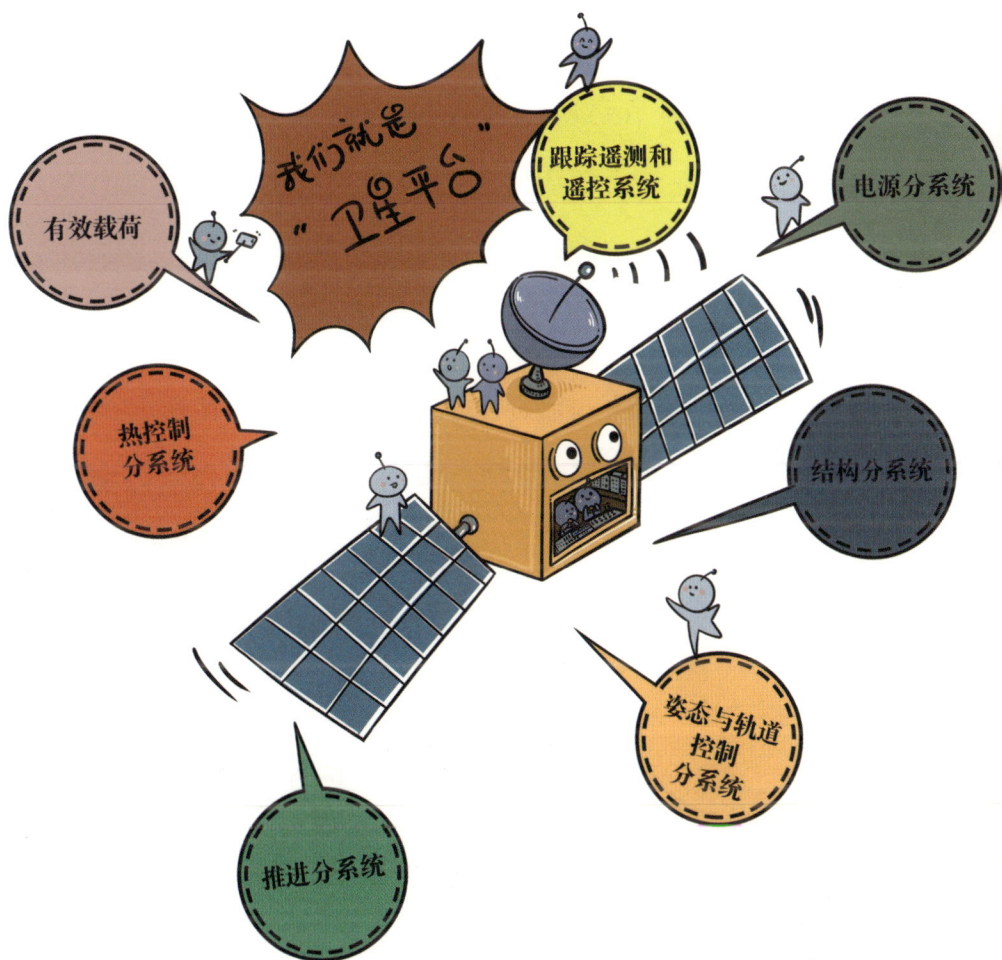

有效载荷

我们就是"卫星平台"

跟踪遥测和遥控系统

电源分系统

热控制分系统

结构分系统

姿态与轨道控制分系统

推进分系统

导航卫星另一个格外显眼的部件,是随身携带的"大锅"。这种不盛东西的锅其实是天线,更准确地说,它是天线载荷的重要工具。

天线的功能当然是接收和发送信号,它就像卫星的专用手机,帮助这些导航小能手随时和地面上的我们取得联系。不过,"手机"只能传递信息,不会安排具体的内容,所以"天线小队"还有密切配合的搭档,就是所谓的功能载荷。

功能载荷是导航卫星的核心,聚集了一众高精尖的技术结晶,包括导航要用到的任务处理机、实现卫星之间团队协作的单机、

本锅可不是一般的锅!

喂!喂!
给你带的那口锅
可不是盛东西用的……

谁家的熊孩子

提供通信功能的报文载荷，等等。

特别值得一提的是，功能载荷还携带了钟表。能在太空中遨游的钟表同样不一般，那是世界上最准确的原子钟。

走进科技馆

北斗历程之北斗氢原子钟

原子钟是导航卫星的"心脏"，其性能指标决定了导航系统的定位精度。"北斗历程之北斗氢原子钟"展品（位于中国科技馆主展厅四层"挑战与未来"A厅）展示了我国自主研发的被动型星载氢原子钟，性能达到国际一流水平，已应用于北斗三号系统，为北斗三号组网卫星的高性能、长寿命要求提供了有力保障。

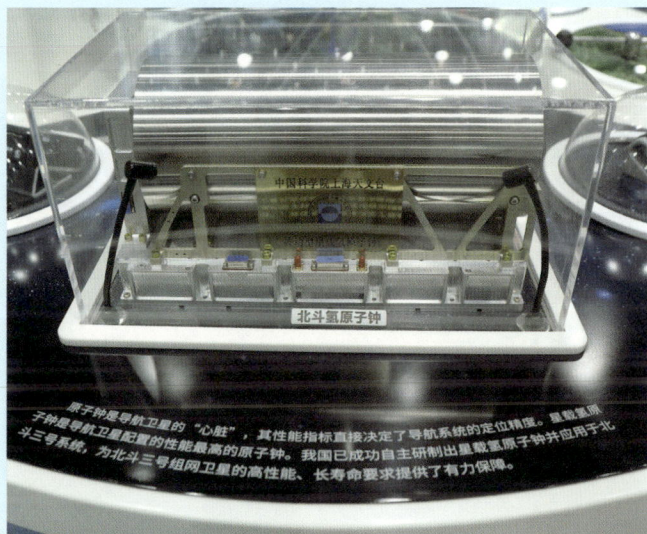

北斗氢原子钟

原子钟是导航卫星的"心脏"，其性能指标直接决定了导航系统的定位精度。星载氢原子钟是导航卫星配置的性能最高的原子钟。我国已成功自主研制出星载氢原子钟并应用于北斗三号系统，为北斗三号组网卫星的高性能、长寿命要求提供了有力保障。

原子钟到底有多准？

我们日常使用的钟表，即便非常准确，每年也可能出现几分钟的误差，而原子钟可以做到几千万年仅出现1秒误差。

原子钟的误差为什么这么小？因为它的"节拍"足够稳定，每一秒都走得足够精准。

古人使用的水钟依靠水滴计时，一滴接一滴漏出的水珠就是水钟的"节拍"，但水滴落的速度可能时快时慢，水钟的准确性自然容易出现问题。

现代人使用的石英钟利用了压电效应，内部的石英振荡器会产生"节拍"。相比古老的水钟，石英钟确实准确得多，许多年才会出现1秒偏差。但有些领域对钟表要求更高，石英钟也会显得能力不足。

原子钟的"节拍"，是用原子跃迁频率来规定的，这是最稳定、最精准的"节拍"。自从科学家从肉眼看不见的原子中捕捉到这种频率，就连时间都有了新的定义。

1967年，国际度量衡大会重新定义了"秒"，1秒等于铯133原子位于海平面处于非扰动基态时两个超精细能级之间跃迁对应辐射的9192631770个周期。在这之前的很长一段时间里，秒的定义和天体运转有关，比如人们曾根据地球的自转规定"太阳日"，再将太阳日的1/86400规定为1秒。

在这个意义上，我们可以说，小巧的原子钟战胜了星辰。

2022年，梦天实验舱搭乘长征五号B遥四运载火箭升空，同行的就有数十亿年误差1秒的顶级原子钟，在天宫二号的基础上，梦天实验舱建立了世界上第一套由主动氢原子钟、冷原子铷（rú）钟、冷原子光钟组成的高精度系统，全部模块都是名副其实的"中国制造"。

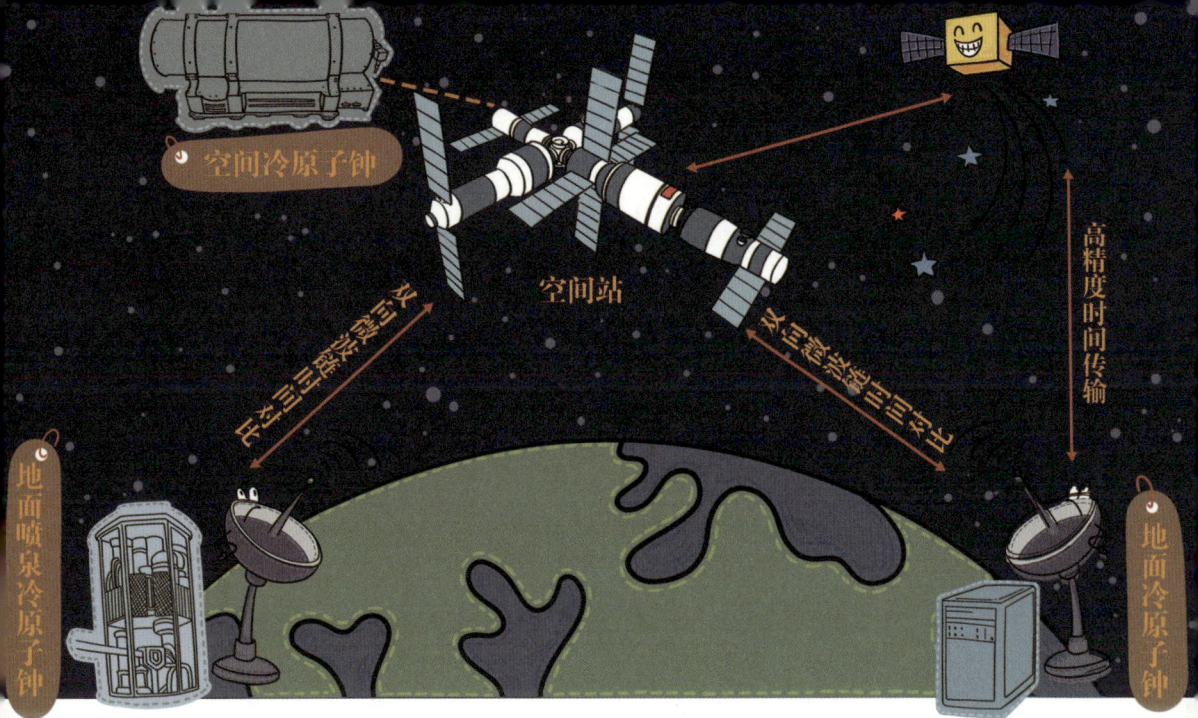

空间冷原子钟

空间站

高精度时间传输

地面喷泉冷原子钟

地面冷原子钟

现在，全副武装的导航卫星就在我们的头顶运转，它们在不停地向地面发送可靠的信号，帮助全世界的人们了解自己的位置。

那么，导航信号到底是如何为我们指路的呢？在这个过程中，了不起的原子钟又发挥了什么作用？

空间冷原子钟

一个导航系统包含几十颗导航卫星，它们所在的轨道高度不一定相同，但它们和地球之间的距离一般不会少于 2 万千米。

2 万千米是多远呢？珠穆朗玛峰海拔 8848.86 米，赤道长 40075 千米，2 万千米相当于 2260 座珠穆朗玛峰摞起来，相当于把地球的腰线抻直了再对折。以前的人常用千里之外来形容遥远，但"千里之外"也不过就是 500 多千米，2 万千米相当于三四十个千里之外！

就是在这样遥远的天上，导航卫星日夜不停地运转着，准确地为地面上的我们指示位置。那么，卫星信号怎么会知道我们身在何处呢？难道卫星有"千里眼"？难道它们

2万千米＝8848.86×???

2260！

是"万事通"？

还有在这中间起到了重要作用的无线电波，这种看不见摸不着的东西到底是什么？为什么有那么多神奇的功能？

在这一章，我们就来看一看导航信号的秘密。

导航用的卫星信号传递了什么信息？

事实上，导航卫星并没有"千里眼"，也不是传说中的"万事通"，它需要和地面上的设备相互配合完成导航。卫星信号传递的主要信息是一系列的数字，整个系统在做的事情，就是确保这些数字的准确性，并且根据它们计算出用户的具体位置。

这样一说，你也许会觉得很神秘，其实不然。这些数字向地面汇报的，就是导航卫星自己的位置，以及导航卫星发出信号的准确时间。

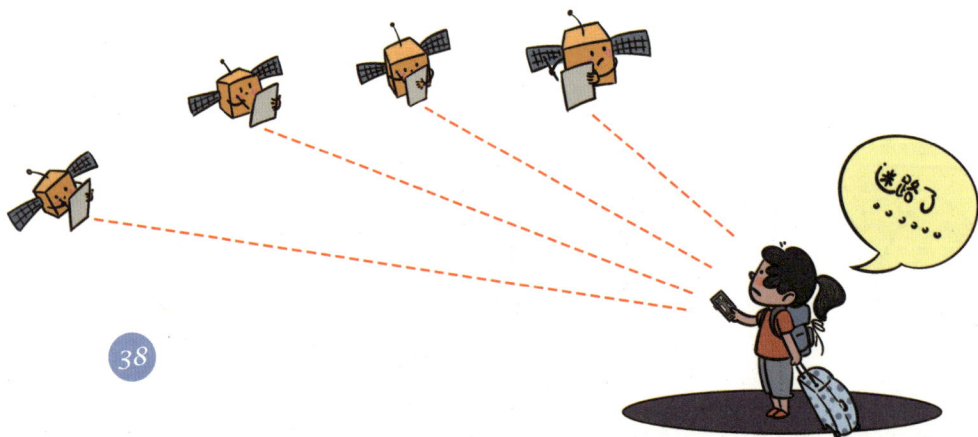

迷路了……

卫星在天上的位置怎么能转换成你在地面上的位置呢？别忘了，位置是一个相对的概念。在向别人描述自己身处何处的时候，我们也许会说"我就在教学楼门口"或者"我从东门过来，离食堂还有几百米"。同样的道理，如果知道卫星在哪里，也知道卫星和人之间的距离，人的位置就很好判断了。

为了做到准确，导航系统为一个地点定位的时候，一般要获得四颗导航卫星的信号。当一个迷路的人收到四颗北斗卫星的信号，他身边的设备就会计算四颗卫星分别离他有多远，最终推算出他的具体位置。

北斗历程之卫星定位

卫星导航系统不仅对国防和安全具有重大意义，也和我们的日常生活息息相关，送外卖要定位，开车出行要导航。那么我们到底是如何通过卫星导航系统得到所需的信息呢？

"北斗历程之卫星定位"展品（位于中国科技馆主展厅四层"挑战与未来"A厅）展示了卫星导航系统的定位原理。展台上设置了一个小汽车模型作为导航设备，它通过三个金属杆连接着代表三颗卫星的固定点。移动小汽车模型（导航设备）到不同位置，观察它到三个固定点（卫星）的距离变化，了解卫星导航系统的定位原理。导航卫星不断向地面

发送包含时间和卫星坐标的信息，地面的导航设备接收卫星信息后，通过信号的延时乘以光速计算出地面导航设备与卫星之间的距离，最终在地球同步卫星的帮助下，利用四颗卫星就能确定三维位置了。

　　那么，卫星信号里又为什么要包含汇报时间呢？因为在计算人和卫星的距离的时候，设备需要用卫星信号接收和发送的时间差，乘以信号传播的速度。

　　要知道，卫星信号是以光速传播的。有了这样快的速度，导航会非常方便，但这也要求系统极为准确地计算时间差。因为速度实在是太快了，但凡时间差弄错一点点，计算出的距离就能差出很多很多，导航结果更是谬以千里。难怪导航卫星要使用最准确的原子钟，也难怪有科学家说，原子钟是导航卫星的心脏。

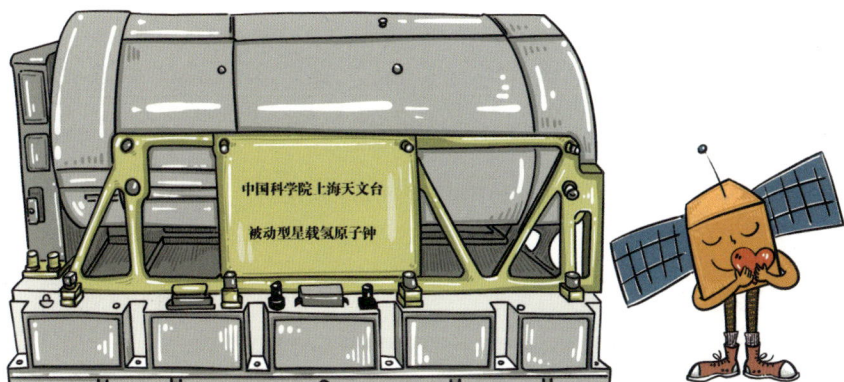

中国科学院上海天文台

被动型星载氢原子钟

光速 $c \approx 300000$ 千米 / 秒。

也就是说，导航卫星信号 1 秒就能跑大约 300000 千米，哪怕时间只差了 0.001 秒，距离也会差出 300 千米，相当于在学校操场的 400 米跑道上跑 750 圈。

卫星信号为什么以光速传播？

卫星信号为什么能够以光速传播呢？那当然是因为它本身就是一种光！

也许你会问，光难道不是亮的吗？如果卫星信号是光，我们为什么看不到它呢？我们能够看到的光叫作可见光，但除了可见光之外，还有很多真实存在，但无法被肉眼分辨的光。事实上，所有类型的光都是电磁波，区别在于它们拥有不同的频率。

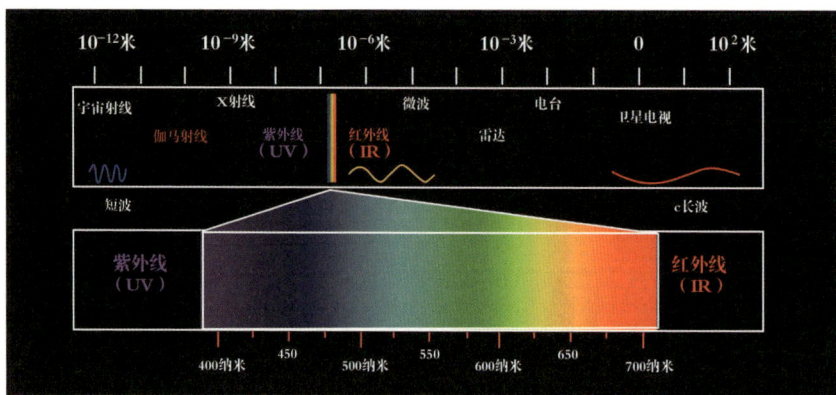

电磁波谱
可见光只占电磁波的一小部分

频率知多少

自从人类开始了解和应用电磁波，频率就成了一个经常被提起的词。"高频""低频""频带""调频"，所有这些充满科技感的词语都和频率有关，那么频率到底是什么，不同频率的电磁波又有什么特点呢？

和滑动或跳动的物体不同，波是在波动中前进的，就像水的涟漪，会荡漾开来。在一定的时间里，一种波荡漾的次数就是它的频率。举个例子，如果说一种电磁波的频率是1000赫兹，那就意味着它1秒会荡漾1000次。

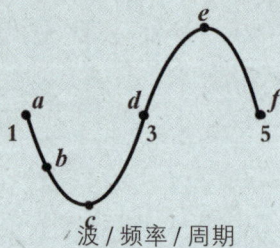

波 / 频率 / 周期

周期和频率正好是倒数关系，你能想明白这是为什么吗？

就像图上展示的，可见光的颜色会随着频率变化。而在可见光之外，频率同样是电磁波的关键特性，用来传递信息的无线电波就是按照一定的频率范围来划分的。

电磁波大家族

电磁波在日常生活中无处不在，可提起来还是会令人感到些许陌生。但说起无线电波、红外线、紫外线这些名字，大家可能就十分熟悉了，其实它们都是电磁波大家族中的一员，将电磁波按照波长或频率的顺序排列起来就形成了电磁波谱。

"电磁波大家族"展品（位于中国科技馆主展厅二层"探索与发现"A厅）展示了不同种类的电磁波。当滑动展品前的屏幕时，展品将通过视频介绍不同种类的电磁波，展示无线电波、红外线、紫外线等不同电磁波的特点和应用。其中无线电波应用最为广泛，常见于广播、电视、雷达、移动通信、Wi-Fi、蓝牙、射频识别等领域，按照不同的波长，可分为长波、中波、短波、微波等不同的波段，不同的波段应用在不同的领域，比如长波多用于远程无线电通信，中波则可以用于调幅广播等。

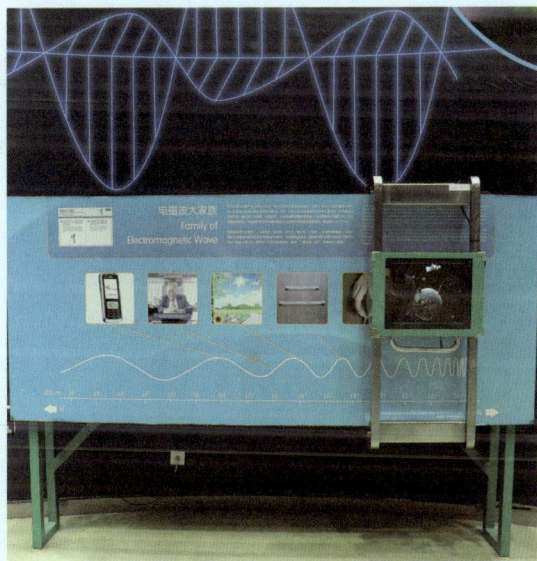

通信电波家族

随着时代的发展，无线电逐步被人类所认识，并被广泛运用于前沿科技、经济发展、社会生活等各个领域，对人类社会的发展起到了重要的推动作用。

"通信电波家族"展品（位于中国科技馆主展厅三层"科技与生活"B厅）通过展示生活中常用的无线通信设备频率来帮助我们认识无线电频谱资源。它由变化的无线电波示意图、标尺示意图、不同的通信设备示意图组成。通过观察可以发现部分 5G 移动通信处在极高频频段，由于频率高、波长短，所以 5G 移动通信具有传输速率快、容易被遮挡等特点，可实现室内高速传输；而收音机、对讲机等通信设备处于低频频段，波长比较长，这也使得其传输速率慢一些，但覆盖范围更广，适合进行远距离传输。

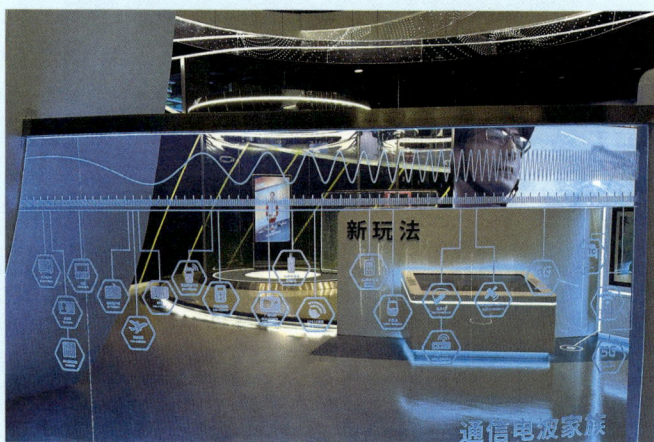

在无线电波的家族内部，频率依然重要。从通信的角度看，一种无线电波频率越高，它的"座位"就越多，能够携带和传递的信息也越多，这当然是优点，但频率如果太高，无线电波也会变得很娇气，走不了多远就闹着要罢工了。

为了把信息又多又准地传出去，人们要选择合适的频率，不能太高也不能太低，在无线通信领域，这件事非常重要。

对于信号来说，频率不仅是特点，还是一种宝贵的资源。

如果说无线电波是承载信号的列车，那么不同的频段，或者说频率范围，就代表了不同的内部专线。一旦 A 系统占据了 A 频段，那么 B 系统的信号就只能去找别的频段搭车，不可以挤到别人的专线上去，不然两边的信号可能会"打架"。从另一个角度讲，不同的系统也许存在竞争关系，随便让对手的信号搭乘自己的专线，很多时候不是什么明智之举。

时间进入现代，各种涉及通信的系统被开发出来，但好用的频率一共就只有那么多。这就出现了一个问题：如果有好几个系统都看上了同一个频段，那么这辆信号的专线该分给谁呢？

为了解决这类纷争，人们尝试了很多办法。有人说，大家可以开拍卖会，谁出价高就把频段卖给谁；有人说，大家可以请国际组织出面，评一评公道。不过有一点是所有人都同意的：我们需要尽可能地充分使用有限的频率，避免浪费。

信号是怎样有效"挤车"的?

回到坐车的比喻上来,充分使用频率,意味着一辆列车要尽量多地安排一些信号乘坐。

如果不在意信号的乘车方式,那么频率很快就会被分完。但是,我们也不能简单粗暴地要求信号挤一挤,再挤一挤,就算大家同在一个系统,胡乱挤在一起也会造成很大的麻烦。毕竟,不同的乘客最终应该前往不同的目的地,如果它们一上车就乱作一团,下车的时候还能记得清自己从哪儿来到哪儿去吗?

所以,信号挤车也要讲究秩序,不仅要整整齐齐、安安稳稳,还要给每个乘客发一张任务 / 地址卡。这里提到的任务 / 地址卡非常特殊,它是以"码"的形式存在的。这种用"码"来协助信号挤车的技术,就叫作码分多址,也就是人们时常提起的 CDMA。

因为使用起来比较便捷有效,码分多址成了很受欢迎的技术,

美国的 GPS、欧洲的伽利略和我们的北斗卫星导航系统都采用了CDMA。

有了靠谱的无线电专线，以及聪明的挤车方法，成批的导航信号就可以有条不紊地穿梭，为我们实现它们的功能。但你知道吗，能够为信号"发车"的导航卫星不仅数量众多，还有不同的类型，每一种都有自己的特点！

多址技术

移动通信离不开电磁波，要保证每一对通信者都能准确找到对方，而不会被其他通信者干扰，就需要依靠多址技术。最早出现的多址技术是频分多址，就是不同的人使用不同频率的电磁波发送和接收信息。之后又出现了时分多址和码分多址技术。

"多址技术"展品（位于中国科技馆主展厅三层"科技与生活"B 厅）通过多媒体互动的方式展示三种基础多址技术原理。展品用三组电子灯模型，分别代表了采用三种多址技术时通信电波功率随时间和通信频率的变化。按下不同类型多址技术对应的按钮，相应模型上的电子灯亮起。最早出现的是频分多址技术，不同的人需要使用不同频率的电磁波发送和接收信息，该技术在 1G 时代广为应用；到了 2G 时代，就出现了时分多址和

码分多址两种技术，时分多址，就是一人先发送信息，另一人再发送信息，一对多通信者通话时，其他通信者等一等，这个等待时间是极短的，因此每对通信者仍然感觉通话是连贯的；而码分多址，就是给发出的信息带上不同的码，然后把信息混在一起，到了接收端再解码，因为码的特点各不相同，解码时，不相干的信息就会被过滤掉，较大程度上提高了通信的效率和准确性。

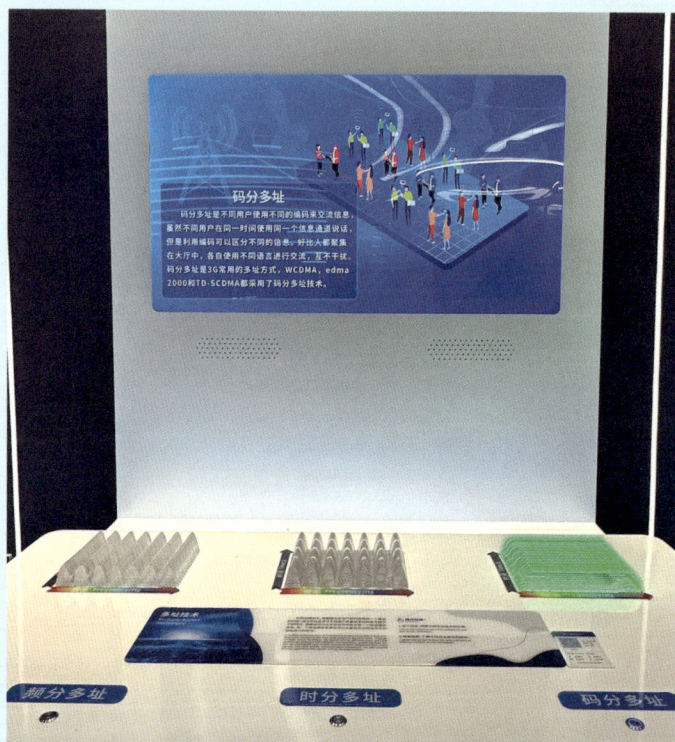

一个导航系统常常包含几十颗卫星，它们按照不同的路线在高空漫步，组成了一张覆盖全球的大网，保证地面上绝大部分地区的人们都能收到导航信息。

任何一个了不起的团队都有两个特点，成员们既能团结一致，也能各自展示自己的优势。导航卫星们也是这样的。我们的北斗卫星小队就包含了三种不同类型的成员——地球静止轨道 (GEO) 卫星、倾斜地球同步轨道 (IGSO) 卫星，还有中圆地球轨道 (MEO) 卫星。它们既能互相配合，又能发挥自己的长处，这样一群伙伴聚在一起，实力不是简单相加，而是一起翻倍！

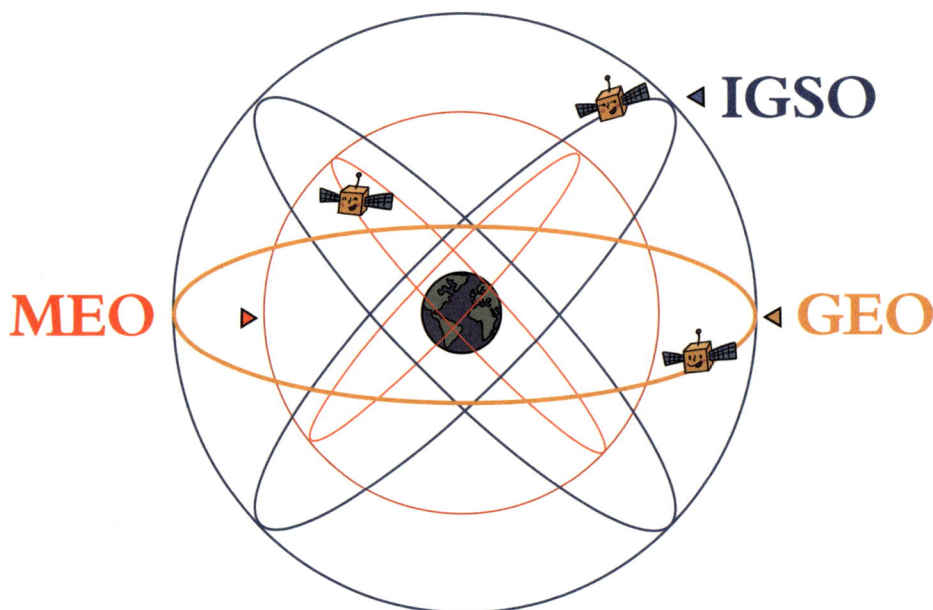

相信你也看出来了，三种不同的卫星是按照轨道的特点区分的。那么，轨道与卫星有着怎样的关系？不同的卫星各自有着什么样的特点呢？

为什么吉星好像并没有在转动?

吉星，也就是地球静止轨道卫星，在大约 3.6 万千米的高空工作。作为一颗人造卫星，它最明显的特点就是名字中的"静止"。假如能找到它在地面上的影子，我们就会发现，吉星的影子一直停留在一个点上，就好像它待在天上一动不动。

吉星、爱星和萌星

除了凸显专业性的大名和国际化的英文名，三种卫星还有可爱的昵称。根据它们英文名首字母的发音，配合中文的语言习惯，大家亲切地称呼它们为：吉星、爱星和萌星。

难道吉星真的是一颗懒星吗？当然不是。吉星的轨道周期大约是 24 小时，这也正好是地球的自转周期。也就是说，当地球自己转完一个圈，一昼一夜的小小轮回结束，小吉也正好绕着地球转完了一圈。

这就产生了一个有趣的现象。虽然一直在运动，但小吉对于地面上的人们来说，反倒是静止的。

※ 地球仿佛用一根看不见的线牵着小吉，而且线头固定在赤道上，地球的自转和小吉的公转刚好"合拍"。

正是因为相对于地球静止，吉星对覆盖区域的用户来说，就像守护星一样靠谱，又因为它的高度比较高，信号覆盖的范围比较广，所以可以同时照顾到非常多的用户。北斗系统包含三颗这样的吉星，而且都安排在了亚太地区的上空。它们会一刻不停地努力工作，为覆盖的区域服务。

谁动谁不动，看你怎么看

古人认为太阳围绕地球转动，因为他们根据生活经验，假设地面是静止的。和地球相比，太阳的位置显然在不断改变，那么如果地球没有动，动的就只能是太阳了。这是人们根据运动的相对性做出的推测。

其实是地球在围绕太阳转动。不过有的时候，人们依然会假设地球静止，因为这样会让一些分析变得简单。比如，人们现在有时还会根据太阳高度推测纬度。

从这个角度讲，我们需要知道吉星是在跟着地球一起转的，但吉星相对于地面而言，就是静止的。

为什么爱星会跳舞？

爱星，也叫倾斜地球同步轨道卫星，它和吉星既相似又不同。

从"地球同步"可以看出，爱星和吉星一样，距离我们大约3.6万千米，轨道周期也是24小时左右。和吉星不一样的地方在于，如果爱星的影子落在地面上，我们看到的不会是一个点，而是它沿着"8"字移动的舞步。

为什么会有这种差异呢？原因在于两种卫星相对于赤道面的

角度不一样。吉星就在赤道的正上方，而爱星的轨道和赤道面构成了一个55度的角。所以，爱星的转动方向和地球自转的方向并不完全相同，两者都动起来的时候，爱星就好像在高空中跳起了舞。

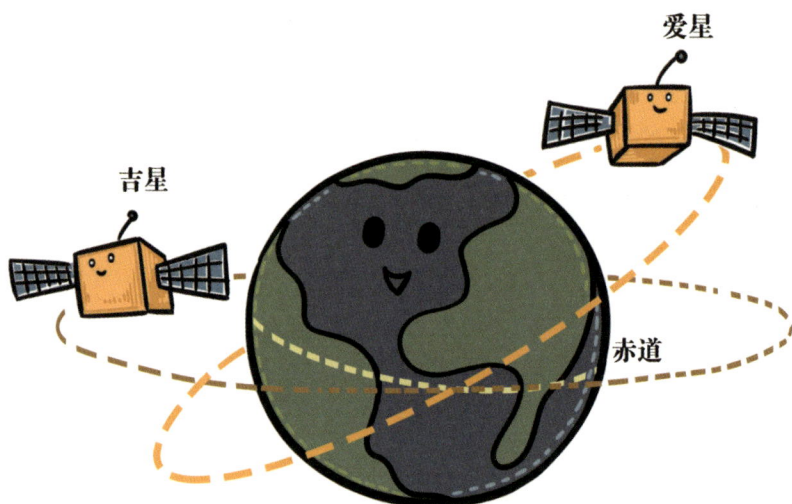

※ 爱星的轨道和吉星有一点不同。

爱星跳舞，当然不是为了好看或者好玩，而是为了跟吉星配合，弥补吉星的缺陷。

为了相对于地面"不动如山"，吉星选择了赤道正上方的轨道。这就带来了一个问题：到了远离赤道的高纬度地区时，吉星的信号会变得力不从心，难免有照顾不到的情况。如果不解决这个问题，高纬度地区的用户就不能放心使用北斗系统了。

好在我们还有爱星。因为高度相同，它和吉星一样，有着比较广的覆盖范围，又因为爱星可以"跳舞"，它可以移动到北纬55度地区上方，充分照顾到远离赤道的用户。

这样的爱星北斗系统拥有三颗，它们和吉星的首要任务都是为亚太地区导航。但整个北斗系统却是可以为全世界指路的。相信你已经猜出来了，第三种叫作萌星的卫星，就是北斗提供全球服务的关键。

为什么萌星数量最多？

同吉星和爱星相比，萌星是一个活泼的"小可爱"。它的大名叫中圆地球轨道卫星，轨道高度要低一些，大约是2.2万千米。这个数字虽然相对不大，但比萌星飞得更低的卫星也是存在的，综合考虑下来，这算是一个中等的高度。

"小可爱"可以说是名副其实。萌星是北斗中个头最小的卫星，而且它最闲不住，每7天要绕地球转13圈。这样的周期，再加上轨道同赤道面成55度角，萌星的影子如果落在地面上，我们会看到它在沿着波浪线不断前进，出现在全世界不同的地方。

萌星的另一个重要特点在于，它的数量最多，达到了24颗。24个"小可爱"分成三组，分别被安排在三个不同的轨道上，每个轨道上有 8 颗"小可爱"围着地球排队转圈。这样的"队形"组成了经过精心安排的 Walker 星座，信号范围可以非常有效地覆盖全球。

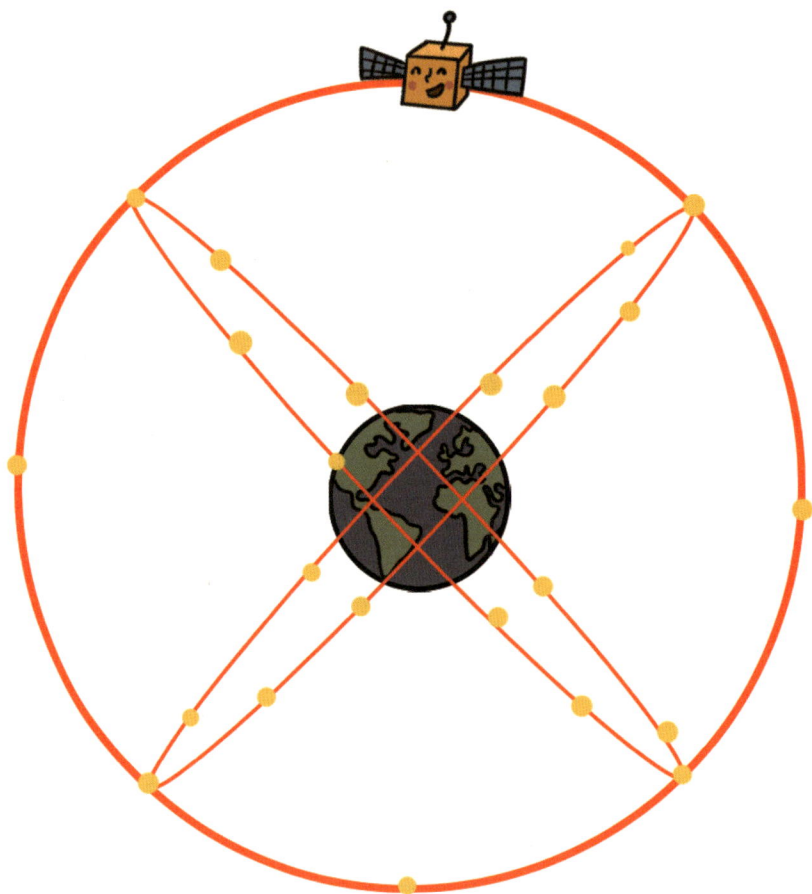

萌星的 Walker 星座

就这样，吉星、爱星和萌星共同组成了北斗导航的空间段。在遥远的天空中，它们日夜不停地转动着，兢兢业业地为地面上的人们提供信号。

可是，每天这样辛勤地工作，卫星真的不会累、不会走神吗？虽然它们都随身携带着高科技装备，但是我们怎么能肯定一切都万无一失呢？留在地面上的人们，有没有办法时刻了解导航卫星的状态，在它们需要帮助的时候伸出援手呢？

Walker 星座

天然的星辰有星座，人造卫星也有星座。我们不能指挥天然的星辰去排队，但我们可以为人造卫星设计队形，让它们组成我们想要的星座。

在人为设计的星座中，Walker星座能够有效地做到全球覆盖，比较适合用于卫星导航。这种星座的特点在于，所有卫星都有同样的轨道高度，而且均匀地分布在倾斜圆轨道上，各轨道面对参考平面有相同的倾角。

当然有。事实上，导航卫星本来就是跟地面上的站点一起工作的，这些站点构成了所谓的地面段，也就是我们下一章要介绍的内容。

解密北斗系统

"解密北斗系统"展品（位于中国科技馆主展厅四层"挑战与未来"A厅）通过球冠LED屏幕、投影机、多媒体系统和北斗卫星模型展示了北斗卫星系统各轨道卫星的位置和运行过程。其中北斗卫星模型展示了三颗

地球静止轨道卫星（吉星）、三颗倾斜地球同步轨道卫星（爱星）和十二颗中圆地球轨道卫星（一半数量的萌星），以及它们不同的卫星轨道高度和位置。球冠 LED 屏幕，展示了三种不同卫星轨道的卫星在各自的轨道上不停歇地绕着地球转动。

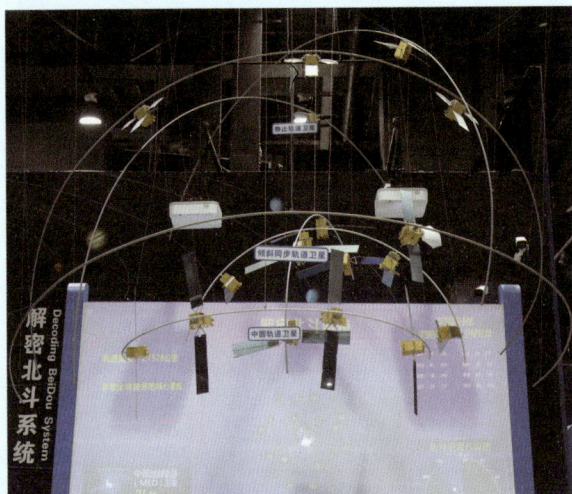

监测站、注入站和主控站

卫星导航系统的地面段有三个主要的工作站：监测站、注入站和主控站。其中主控站是数据处理和指令下达的中心，监测站负责关注卫星的状态并把相关数据发送给主控站，注入站则负责把主控站的指令发送给导航卫星。

主控站的数量是很少的，监测站和注入站就要多一些，而且位置要分散。这是因为，主控站是智囊和指挥部，设立太多不仅没必要，还要解决"有那么多指挥部，谁和谁该听谁和谁的，谁和谁不该听谁和谁的？"这种麻烦的问题。至于监测站，它们需要监测卫星，卫星的轨迹又是遍布全球上空的，所以多设一些站点，安排在不同的地方，可以照顾到所有卫星。注入站也一样，如果都挤在一起，工作起来会很不方便。

从人人都在用的手机，到工厂里的流水线，任何设备都需要人们的监督和维护。就算是最好的人工智能，也会有技术专家关注它们的工作状态，随时为它们更新资料库，确认它们是否能准确地完成任务。

在这一点上，导航卫星并不特殊。当它们在高空运转的时候，地面上也有工作站在时刻关注导航卫星的工作有没有顺利进行。小到传输日常数据，大到处理卫星故障，这些站点承担了非常重要的责任，也是导航系统中不可或缺的一部分。

这就是卫星导航系统的地面段，它既是一丝不苟的监督员和指挥棒，又是心思细腻的守护者和照拂者。如果说吉星、爱星和萌星是名副其实的科技明星，那么地面段就是幕后的工作人员，是卫星们最可靠的支持者。

卫星自己也需要导航吗？

我们已经知道，在工作的过程中，导航卫星要向地面上的用户汇报它自己的位置，那么问题来了：卫星怎么能时刻知道自己身在何处呢？

当然，人造卫星都有自己的轨道，但导航卫星可不能大大咧咧地汇报说："反正我就在这个大圈上溜达，不会走太远啦。"它们必须汇报自己在哪一个点上，而且这样的汇报要不断地进行，不能每天只汇报一两次，更不能三天打鱼两天晒网。

一颗卫星根据自己的基本情况进行推算，是不是可以自动得出它在不同时刻到达了哪个地方呢？虽然听上去很有道理，但在

现实中这不是一个好方案。太空环境非常复杂，不能指望卫星每天分毫不差地走同一段路。导航又偏偏对准确性要求很高，卫星如果不能准确汇报自己的位置，系统就很难保持正常运转。

所以，导航卫星自己也是需要导航的，而给卫星导航的，正是系统的地面段。直白地讲，地面段不仅掌握了每颗卫星的小档案，还通过监测设备知道它们最近经过了哪里。于是，通过专业的分析和整理，地面上的工作人员能可靠地预测卫星们最近一段时间的行进路线。

定轨技术

卫星已经发射升空、进入轨道，地面上的人们依然需要追踪和预测它在天上的足迹，不然就没办法管理卫星、给卫星指派工作。一个专业技术领域由此而来——卫星定轨技术。

对卫星导航系统来说，定轨技术尤其重要。卫星导航刚刚发展起来的时候，地面段的建设不够完善，定轨的精度也不是很高。随着技术的进步和设备的增加，获得卫星的信息越来越方便，人们也有了更好的方法来处理数据，到了21世纪，厘米级的定轨精度已经不再遥不可及了。

在我国，定轨技术经过了几十年的发展。早期，我们的实力落后于当时的航天强国，将定轨精度提升至200米，对我们来说都是有难度的。但是在中国科学家的不断努力下，我们和国际先进水平的差距一直在缩小。1991年，我们的精密定轨新方案获得成功，精度从百米提高到十米量级，如果优化一下设备，还有希望达到1米。

现在，北斗卫星定轨精度已提升至厘米量级，达到了国际一流水平！

地面段发给卫星的"通知包"里还有什么？

　　向卫星发送了位置信息，地面段的主要任务就完成了吗？当然不是。地面段要操心的事情是非常多的。主控站常常会整理出一个"通知包"，里面包含许多不同的信息，这个为卫星准备的"通知包"就是导航电文。

　　那么除了和卫星位置有关的信息，导航电文里还有什么呢？

　　第一种是"对表通知"。除了卫星位置，卫星导航对时间准确性的要求也很高，地面段会组织卫星们核对时钟，让系统内的钟表向同一个标准看齐。

第二种是"改正通知"。在运行的过程中，卫星可能会产生一些小问题、小错误，地面段会时刻留意各种情况，及时通知卫星做出调整。

第三种是"健康确认"。如果卫星遇到了比较大的麻烦，近期不适合继续工作，地面段就会给它发一个"请假"标记。发现了这个标记，其他设备便暂时不采用这颗卫星的信号。反过来讲，如果卫星没有太大的问题，还能正常上岗，地面段也会发给它一个"健康"标记。

当然，所有这些"通知"都有充满技术感的正式名称。但无论叫什么，它们的目标是一致的，那就是为天上的卫星提供全方位的支持，保证导航系统顺利运转。

万一地面段和卫星们失联了，导航系统还能继续使用吗？

除了前面提到的任务，地面段还要负责处理各种异常情况。地面段责任如此重大，这就带来一个问题：导航卫星会不会过于

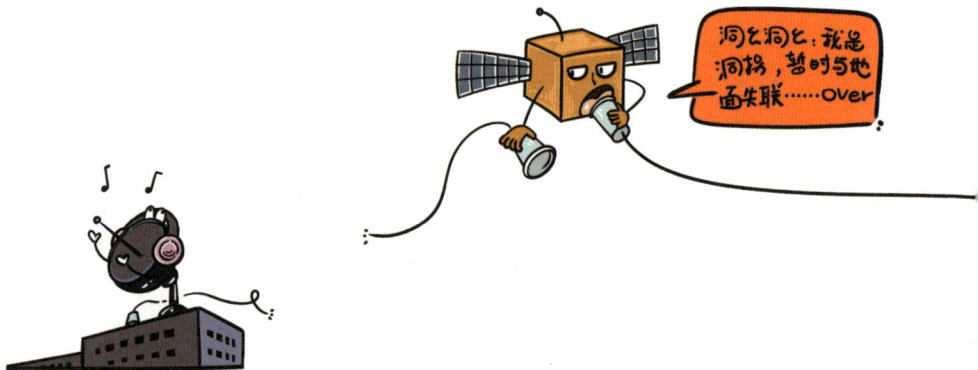

洞幺洞幺，我是洞拐，暂时与地面失联……over

依赖地面工作站？万一和地面段失去联系，导航卫星会不会很快就乱作一团？

这个问题技术专家们也想到了。卫星导航系统如此重要，空间段建立的过程又如此复杂，人们更希望它足够稳定，遇到特殊情况也不至于乱了阵脚。如果卫星能再独立一点，即便是无法联系地面段，也能在一定的时间内稳定工作，那就太好了。

"自主运行"就这样闪亮登场了。如果突然失去了地面指挥部的消息，卫星们会充分利用它们各自掌握的情况，在天上相互通信、通力合作，尽可能地延长正常工作的时间，等待再次和地面段取得联系。按照我们目前的自主运行方案，卫星们可以在 60 天之内继续导航，再过几年，这个时间还有望延长到 180 ~ 360 天！

从天上的卫星，到地上的专业站点，前面谈到的话题似乎离我们的日常生活都有些遥远。但是不要忘了，导航本来就是一项人人都需要、处处用得上的功能。那么，卫星导航系统还有哪些重要的组成部分呢？

启动60天自主运行预案！over

机会总是留给有准备的那个人的

鹊桥中继卫星

北斗卫星导航系统中的卫星各司其职，在各自的轨道上运行，并和地面段收发信号。由于信号是沿直线传播的，如果有一颗卫星运转到地面站信号覆盖范围以外，无法和地面段直接收发信号，该怎么办呢？这时候就需要通过其他的卫星作为中转，先把信号发送给自己上空的卫星，再由上空的卫星将信号转达给地面段。

"鹊桥中继卫星"展品（位于中国科技馆主展厅四层"挑战与未来"A厅）就很好地展示了如何解决"信号需要拐弯"的问题。鹊桥中继卫星是嫦娥四号探测器的中继卫星，嫦娥四号探测器需要降落在月球背面。由于信号是沿直线传播的，在月球背面的嫦娥四号无法直接将信号发送回地球，这个时候就需要一个"中转站"，嫦娥四号先将信号发送给"中转站"，再由"中转站"将信号发送回地球。地球给嫦娥四号发送信息也是这样的流程。这个"中转站"就是鹊桥中继卫星。

　　卫星导航系统的科技含量非常高，但它并不是高不可攀的产品。所有重要技术的研发和实践，以及科学家和工程师的辛勤工作，最终都是为了让更多人安心地使用这项先进的科技产品。

　　不过，卫星导航系统是通过无线电信号传递信息的，我们不可能自己去解读这种看不见摸不着的东西，所以想要使用卫星导航，就必须通过一定的设备。这些把导航信息直接呈现给人们的工具，就属于导航系统的"用户段"。

　　仔细想一想，你就会明白，这一类的工具其实非常多，但凡要用导航的地方都有，只不过不一定单独出现在我们的视野中。有时候，它们和别的设备组合在了一起，有时候，我们享受着它们带来的方便，却感觉不到它们的存在。

我们要重新看待习以为常的生活，发现那些把卫星导航系统带到我们身边的小功臣。

手机为什么有导航功能？

我们最容易接触到的、随时都能使用的卫星导航在哪里？就在我们随身携带的手机里。

手机，是现代人非常熟悉的工具。最开始，它真的只是"移动的电话"，但随着软件和硬件技术的不断进步，现在的手机已经有了丰富的功能，不仅可以打电话、发短信，还能上网、记事、录音、拍照、购物……

定位导航也是手机的诸多功能之一。卫星定位常常和基站定位、Wi-Fi定位一起工作，通过地图APP和用户交流。在手机上打开地图，你可以查询自己的位置，搜索想去的目的地并要求其规划路线。当你跟随规划好的路线到达终点，就完整地体验了一次手机定位导航服务，而卫星导航常常就是这项服务背后的主力。

那么手机的卫星导航功能是从哪来的呢？它秘密藏在手机内部。手机里有内置天线，还安装了带有特定模块的芯片，可以接收和处理卫星信号。有了硬件基础，再加上操作方便以及能更新信息的 APP，我们就能轻松获得全面的导航信息了。

也许你在好奇，和卫星搭档工作的芯片会是什么样子呢？虽然它的工作内容很了不起，但手机芯片看上去并不奇特，只有一点点大小，像没有头的方形小甲虫。不过这并不值得奇怪，从手机到计算机，从家电到专业设备，几乎所有科技产品的内部都有这种身怀绝技的"小不点"存在。

它们为什么这么小，却这么优秀？因为它们来自一种神奇的技术：集成电路。

集成电路

20 世纪中期，世界上第一台可编程通用计算机 ENIAC 诞生了。那可是一个名副其实的超级大块头，占地约 170 平方米，同样面积的房子足够一个四口之家过日子了。

那时候的人肯定想不到，在百年之内，计算机可以变成 1 千克左右的笔记本，一个书包就能装下。不仅如此，更小的手机也拥有了不少和计算机相同的功能，可以放在衣服口袋里，随身带着到处走。之所以会有这么大的变化，一个重要的原因就在于，人们找到了合适的材料和思路，开发了集成技术。

早在 1965 年，就有专家预言，在一块集成电路上，关键元件的数量每两年就可以增加一倍，这就是有名的摩尔定律。正如它所描述的，在接下来的几十年里，电子产品不仅变得越来越小，还实现了越来越多的功能。

现在，集成电路已经全方位渗透了我们的生活，无论是基本的衣食住行，还是学习和娱乐，都离不开它们的支持。手机和计算机自然不用说，电冰箱、洗衣机、扫地机器人这样的家用电器里就有集成电路，航空航天、生物医疗、资源勘探这些重要的行业也在使用带有集成电路的设备。

集成电路的代表产品，就是各式各样的芯片。你一定也听说过，芯片代表了一个国家的实力。有能力开发和制造自己的芯片，我们才有底气说，中国可以独立撑起自己的高科技产业。

20世纪，中国在芯片领域一边探索一边进步，终于在2000年之后让这项技术加速发展起来。现在，中国自主研发的"龙芯"已经发展出了自己的系列产品，相信在未来，我们会越来越多地用到国产的顶级芯片。

除了指路，车载导航还有什么功能？

另一种我们经常接触的用户端设备是车载导航，也就是安装在汽车上，为司机和乘客提供服务的导航设备。你大概也见过离方向盘很近的导航屏幕，听到过标准的语音播报："开始为您规划路线！"

车载导航有什么特别的地方吗？除了指出基本路线，车载导航还能提示驾驶者注意行驶中的一些细节，比如什么地方不能开太快，什么地方容易出事故，等等。另外，车载导航会和摄像头、雷达一起工作，全面感知车子周围的环境，遇到特殊情况第一时间提醒驾驶员注意。

特别值得一提的是，有了车载导航的进步，无人驾驶技术才有实现的可能。不需要人去驾驶，车子就能自己从起点驶向终点，这样的技术听上去非常酷炫，但稍有差错就会带来巨大的危险。遇到堵车怎么办？路前方发生事故怎么办？车子出故障了怎么办？无人驾驶的汽车如何做到"眼观六路耳听八方"并且随机应变呢？

在这里，导航的重要性就体现出来了。在卫星和地面设备的通力合作下，车载导航可以提供非常详细的路面信息、迅速重新规划路线、对突发情况做出预警，在必要的时候还可以和交通管理或其他部门取得联系，寻求帮助。如果没有这样强大的帮手，无人驾驶汽车会变得像梦一样遥远。而现在，相关的技术日益成熟，也许在不久的将来，我们都能坐着没有司机的汽车出行了！

汽车不是唯一有导航定位功能的交通工具，小到共享单车，大到民用航空器，现如今能帮助人们从一个地方到达另一个地方的工具大多都配备了导航的用户端设备，但使用细节和功能侧重有所不同。

说起共享单车上的定位芯片，它的首要功能不是为骑车的人指路，而是准确地汇报每辆单车停在了什么位置，一来方便有需要的人随时找到附近能用的车子，二来方便工作人员检查、维修和回收车子。

那么飞机的导航设备呢？坐飞机旅行是最快的，但飞机在飞行的过程中很容易受天气影响，而且同一片天空中可能有多架飞机，如何避免相撞也是一个大问题。最重要的是，飞机飞在天上，"脚不沾地"，一旦出现事故就很容易造成人员伤亡。正因如此，飞机对导航的要求非常高。

为了达到最好的效果，飞机一般会采用多种导航方法——卫星导航、惯性导航和地基无线电导航组成的"导航天团"。在这里，卫星导航系统的星基增强还要帮助飞机实现"盲降"，就算遇到了雾霾天，飞行员难以看清地面，也能做到心中有数。从起飞到降落，乘客们体验到的只有惬意的旅途，导航设备们却又一次完成了重大任务，保证了大家的安全和旅途的便利。

除此之外，还有铁路导航、客轮导航，我们之所以能够享受现代交通的种种好处，一个重要的原因就是，在我们看不到的地方，有些尽职尽责的高科技设备在和 2 万千米之外的卫星，还有地面上的专业工作站一起努力。

那么，卫星导航只能应用于交通出行吗？当然不是。卫星导航能够应用的领域非常多，有一些可能远远超出你的想象。

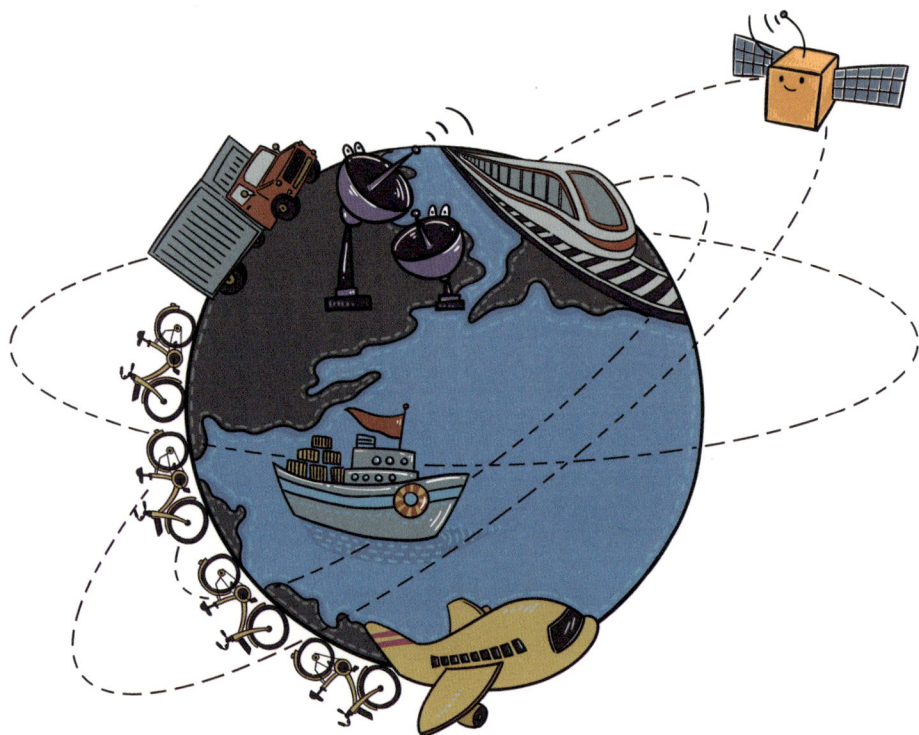

北斗历程之北斗导航芯片

"北斗历程之北斗导航芯片"展品（位于中国科技馆主展厅四层"挑战与未来"A厅）展示了北斗导航芯片接收和发射信号的功能。而拥有国产芯片，对于确保应用安全和获得产业发展主动权十分重要。如今，国产北斗芯片工艺已达到世界先进水平，性价比与世界主流产品相当，可广泛应用于车辆管理、可穿戴设备、航海导航、精准农业、智慧物流、无人驾驶等领域。

北斗导航芯片

北斗历程之北斗车载终端

　　"北斗历程之北斗车载终端"展品（位于中国科技馆主展厅四层"挑战与未来"A厅）展示了拥有国产核心芯片的北斗车载终端。该终端能准确实时进行车辆定位，并通过语音、文字及时播报交通状况，方便用户掌握道路交通信息。在应急救灾时，北斗车载终端能够利用北斗导航系统提供的高精度定位信息高效地调配车辆并为运送应急物资的重型货车推荐最合适的路线。

勘探测绘、全球搜救、运输调度……**卫星导航**还有哪些了不起的功能?

卫星导航的应用范围有多广？毫不夸张地说，你能想到的所有领域，几乎都是卫星导航大显神通的舞台。

真的有这么神奇吗？也许你会疑惑，卫星导航再怎么厉害，也只是一种导航啊。的确，导航的第一任务就是定位和指路。不过，在高科技飞速发展的今天，卫星导航的精度不断提升，导航系统和其他设备的合作也越来越紧密。从农业、工程、科学研究，到测绘、搜救、运输调度，几乎所有需要寻找目标、监测状态和规划路线的领域，都出现了卫星导航忙碌的身影。

可以说，如果没有了卫星导航，我们立刻就会遇到许许多多的不便。既然如此，我们当然要看一看卫星导航还应用在了什么地方，以及它如何改变了大家的生活。

　　我们生活的地球是一个孕育奇迹的星球，有无数美丽的自然景观和深藏不露的矿产。为了更加了解地球母亲，也为了更好地利用自然资源，我们需要进行各种勘察和测量工作。

　　然而，在大自然面前，人类是很渺小的。比如，如果想要知道珠穆朗玛峰的海拔，我们该怎么办呢？难道要先造出比珠穆朗玛峰还高的尺子吗？

　　还好我们有卫星导航系统。2020年5月，中国测量队来到珠穆朗玛峰，在峰顶安装了可以接收北斗卫星信号的设备。卫星导

航系统对峰顶进行定位，准确测出三维坐标，经过进一步的计算整理，就得出了珠穆朗玛峰的最新高度——8848.86米。

那么在资源勘探中，导航卫星又扮演了什么角色呢？我们都知道，许多油田、矿区都在远离人烟、缺乏现代设施的地方，我们习以为常的通信工具很可能是无法使用的。比如，手机通信就非常依赖基站，而基站是不会建在荒无人烟的地方的。

但卫星导航系统不受这种限制，因为卫星在天上，而且可以不断移动。在野外工作的叔叔阿姨可以随身携带接收卫星信号的终端，这样指挥中心就能借助卫星导航功能，时刻了解他们的位置。卫星导航还能用来标记矿藏的具体地点，收集整理附近的环境特点，以及显示往返路线。

从前，因为野外的特殊情况，勘察工作是极为艰苦和危险的，现在，多亏了包括卫星导航在内的一系列技术，专业人员不必再冒那么大的风险，同时还能提高工作效率。

为什么说卫星导航也是我们的保护神？

除了在野外，还有一种情况会让人们没有办法使用平时的方法进行通信，你能想到这是什么情况吗？没错，就是在发生灾难的时候。附近的基础设施被毁坏，身陷危险的人们无法通过手机和外界取得联系，他们该怎么办呢？

卫星导航系统会成为他们的希望。有这样一种多国合作建立的搜救系统，它的目标就是给全世界的人们提供紧急救援。有好几个国家的卫星都按照相应的标准，安装上了专门的搜救载荷，其中也有我们的北斗卫星。处在危险中的人们可以在卫星的帮助下发送专门的求救信号，搜救中心会获得他们的位置，想办法把他们救出来。

卫星导航系统还有监测设施和防范灾害的功能。在专业用户段设备的配合下，卫星导航系统可以更加细致地工作，不仅能知

晓定位点有没有移动，还能察觉出是否倾斜等情况。这就意味着，卫星导航系统可以发现某些人们不容易注意到的征兆。

比如，在大坝、大桥上安装能够和卫星配合工作的专业设备，就可以让导航系统留意重要地点有没有不正常的变化，防止严重变形或坍塌事故。类似的方法还可以用来监测容易发生泥石流的山坡，一旦发现监测设备歪了、掉了，警报就会响起，提醒工作人员尽早通知附近的人撤离。

卫星导航系统还有什么惊喜？

还有别的惊喜吗？当然。提起卫星导航系统的应用，人们常说的一句话就是"只有想不到，没有做不到"。

比如授时服务。在地面工作站和星载原子钟的合作下，身影遍布全球上空的几十颗卫星可以不断核对时间，保证整个系统在统一标准内准确运转。地面上对时间准确度要求很高的行业也会参考导航卫星的时间标准，和人造的星辰一起"对表"。对于分秒必争的现代金融、互联网等领域来说，导航卫星的授时服务提供了整个行业的"节拍"，甚至可以为巨额交易保驾护航。

比如运输调度。作为现代人，我们不需要自己种粮食，自己织衣服，自己动手制作一切，因为发达的市场可以让我们买到全国甚至全世界的商品。这也离不开运输物流行业的强大支持。空运、海运、公路运输，每天都有庞大的运输队伍在地球表面穿梭往来，而卫星导航可以时刻关注每一批货物到了哪里，有没有突发情况，方便调度中心核对或调整计划，把货物又快又好地送到目的地。

比如精准农业。"面朝黄土背朝天"的耕作方式逐渐被替代，现代农业已经开始使用无人驾驶农机。而无人驾驶农机之所以能在田间自动行驶、转弯、干农活，正是因为有卫星导航系统的指引。除此之外，卫星导航系统还能获取田间的监测数据，根据土壤的状态指挥机器精准施肥、喷药。可以说，卫星导航和现代农业的结合，不仅减轻了农民的劳动负担，还让种植更加科学、环保、高效。

还有军事、气象、自动化吊装……卫星导航就是这样无处不在。正因为它如此重要，在20世纪中后期，我们国家下定决心，也要建立自己的卫星导航系统。现在，这个目标已经实现，北斗卫星导航系统经历了三代"升级"，已经达到世界领先水平。

那么，你知道北斗诞生的过程吗？你知道中国的科学家克服了多少困难，又制造了多少奇迹吗？

北斗伴你行

"北斗伴你行"展品（位于中国科技馆主展厅四层"挑战与未来"A厅）通过视频介绍了北斗导航系统的导航、授时、短报文功能，以及这些功能在灾害监测、渔政监管、智能交通、国际救援等领域的应用，展示出了北斗导航系统的技术特点和重要作用，还可以通过移动摇杆选择体验驾驶汽车、飞机和轮船等不同的交通工具，感受北斗系统的应用场景。

除了陨石、雨雪和冰雹，没有什么东西是直接从天上掉下来的。事实上，我们生活中习以为常的一切都来之不易。每一种美味的水果，都经历了种植、采收、运输的过程；每一种好用的工具，都凝结了许多人的思考、实践和创造。

卫星导航系统更是如此。先进的功能背后是先进的技术，先进的技术背后还有精彩的故事。

我们的北斗导航系统刚刚诞生时，只有两颗卫星，20多年后的2024年，北斗已经成长为拥有56颗卫星的成熟系统，位列全世界最重要的四大导航系统之一。20年并不短暂，但对于研发建成卫星导航系统这样的任务来说，用20年实现重大突破，说一句"神速"并不夸张！

我们的北斗经历过什么？三代北斗的升级之路是怎样的呢？让我们一起回顾一下。

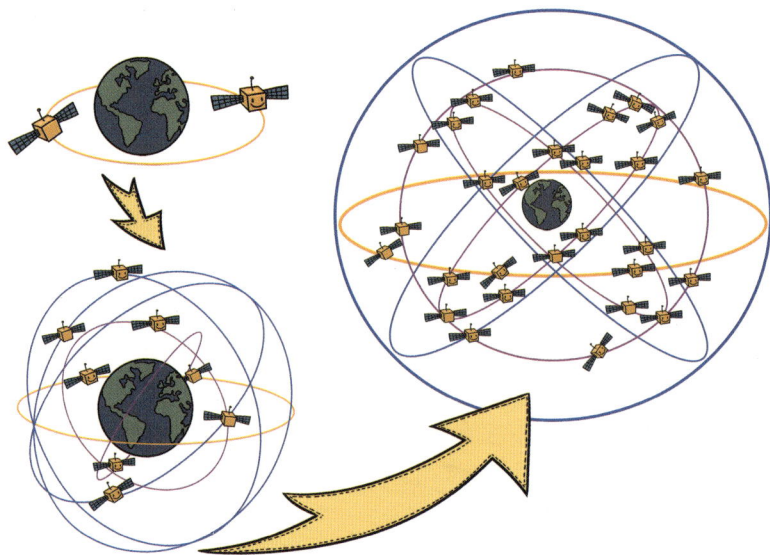

以北斗之名

在遥远的古代，我们的祖先曾仰望星空，寻找耀眼的北斗七星。时间进入现代，人类实现了古人无法想象的科学技术，但谈到探索世界、寻找方向，我们依然充满好奇心和进取心，也依然崇敬明亮的星辰。

用自古以来的"指路明星"命名中国的自主导航系统，既体现了华夏文明的底蕴，又表达了我们对北斗系统的期待和信心。

北斗的标志里包含了太极、北斗星、地球和司南，你能找出它们来吗？

北斗一号为什么只有两颗卫星？

1994 年，中国正式决定开发自己的卫星导航系统。新世纪初，北斗一号建成，中国成为继美国和俄罗斯之后，第三个拥有自主卫星导航系统的国家。北斗系统未来的一切精彩都从这里开始。

不过，北斗一号和我们现在使用的北斗三号很不一样，它只有两颗地球静止轨道卫星。如果你了解这种双星系统，就会知道北斗的起步是多么艰难，也会知道中国的科技工作者是多么聪明和坚韧。

几十年前，中国的经济实力远不如今天，卫星导航系统这样的高科技项目又格外需要资金支持，北斗首先要面对的问题就是资金不足。

为了在节省资金的前提下建立中国自己的卫星导航系统，在20世纪80年代，以陈芳允为代表的第一代北斗科学家提出了双星定位思路，让国家数字高程模型数据库加入进来，北斗一号只

需要两颗卫星就能实现基本功能。经过约十年的探索，双星定位终于从一个思路变成一个成熟的计划，又经过约十年的实践，北斗一号才真正诞生。

当然，这个时期的北斗还有很多不足，仅有两颗卫星的系统也很难为全球用户提供服务。但这毕竟是从无到有的第一步。从这里出发，中国北斗迈向了广阔的未来。

北斗二号背后有什么惊心动魄的故事？

在北斗一号建成之后，中国几乎马不停蹄地开启了北斗二号的建设工作。我们已经知道了建设卫星导航系统要面对哪些问题、遵循哪些步骤，也知道了自身还有哪些不足。我们期待北斗二号系统奋起直追，缩小中国科技和世界一流水平的距离。

有了前期的宝贵经验，再加上2000年以后中国综合国力的不断提升，北斗二号系统开始"发力"，星载国产部件越来越多，也越来越先进。为亚太提供服务的新系统以全新的面貌出现在了人们面前。

不过，只管闷头做事，不去国际上打交道，也是没办法建成卫星导航系统的。北斗二号就曾面临这样一个问题：好用的信号频段已经不多了，中国的北斗系统和欧洲的伽利略系统几乎在同一时间向国际电信联盟申请了同一段频率。

两家相争，珍贵的频率资源该分给谁呢？按照国际电联"先到先得"的规则，谁能把卫星送上天，并且首先发出信号，频率资源就归谁所有。

当年，欧洲原本占领了先机，但因为中途出现了一些问题，伽利略卫星上天之后迟迟没有用申请的频率发出信号。于是中国的机会来了，只要我们能够在规定的时限之内，让北斗卫星完成信号发送，这份珍贵的频率资源就是我们的了。

为了赢得机会，中国决定克服重重困难，提前发射卫星。即便是发射现场出现了新的问题，也没能动摇中国科技团队的决心。在飞速处理好一切之后，2007 年 4 月 17 日，在最后期限的最后几小时，新的北斗卫星从太空发回了信号，我们成功了！

如果说北斗一号要迈出第一步，北斗二号要奋起直追，那么北斗三号的任务就是——在国际舞台上大放光彩！

事实上，北斗系统一直有着"三步走"的整体规划，先为国内提供服务，再将影响力扩大到亚太，然后获得全世界的认可。也正因如此，北斗安排了独具特色的混合星座，有了吉星、爱星和萌星这些各显神通的成员。

那么最重要的第三步要如何完成呢？当然是靠实力。在400多家单位、30余万科技工作者的努力下，160余项关键核心技术被攻克，500余种器部件的国产化研制获得突破，北斗三号提前半年完成任务，核心部件国产率达到100%，而且足够结实、可靠。

中国科学院院士杨元喜曾说："好用不能只靠我们北斗人说。北斗是个透明系统，全球的用户都可以监测它，都可以对它做出评价。"而全球用户怎么看，也不在于嘴上夸得多好听，而在于大家愿不愿意接受它。为了使用北斗系统，已经有120多个国家和地区向中国进口应用产品，外国厂商也在制造可以兼容北斗的芯片，这就是对北斗实实在在的认可。

北斗历程之北斗卫星导航系统

"北斗历程之北斗卫星导航系统"展品（中国科技馆主展厅四层"挑战与未来"A厅）展示了北斗卫星导航系统的发展历程。展台中间的地球模型和围绕地球的轨道上分布的三种不同轨道卫星模型共同构成了北斗卫星导航系统模型，模型前设置了一个屏幕，通过推动滑块选择视频观看北斗卫星导航系统发展历程，了解北斗系统独特的技术特点和多种应用场景，领略我国卫星导航从无到有、从有到优、从弱到强的发展历程。

我们今天所熟悉的国产卫星导航走过的就是这样的历程。1994 年，北斗一号项目刚刚起步，已经建成的 GPS 是那么遥不可及，而今天，北斗三号已经和 GPS 并肩而立，同为全球四大导航系统的成员。在一些方面，北斗甚至超越了 GPS。

没错，北斗不仅能实现其他卫星导航系统的功能，还有自己独特的优势。也许你也听说过其中的几个，不如马上翻开最后一章，看看我们的北斗现在有多么了不起吧！

实力不用自夸！！

北斗大事记

1983 年——第一代北斗科学家提出双星定位方案。

1994 年——北斗一号系统立项。

2000 年——北斗一号双星发射成功。

2003 年——北斗一号增加一颗备份星，系统正式建成。

2004 年——北斗二号系统立项。

2007 年——北斗二号第一颗卫星发射成功。

2009 年——北斗三号系统立项。

2010 年——北斗导航卫星进入高密度发射期。

2012 年——北斗二号系统建成，世界首个混合星座区域卫星导航系统诞生。

2017 年——北斗三号以一箭双星的方式成功发射第一、第二颗组网卫星。

2018 年——北斗三号基本系统正式向全球提供服务。

2020 年——北斗三号全球卫星导航系统星座部署全面完成。

看到北斗不断提升国产率，不断突破关键部件的研发和制造，你是否会有这样的疑问——既然我们不是第一个建立卫星导航系统的国家，为什么一定要进行那么多自主研究，而不能把外国的技术直接搬过来使用呢？

不可否认，在航天领域，中国有过落后的时期，想要跟上世界的步伐，我们首先要做的就是向别人学习。但是，如果只会模仿，而不能独立思考和创新，中国也无法拥有如此出色的北斗。原因非常简单：关键技术的实现方法是有专利的，很多东西不是你愿意学，别人就一定愿意教的。

早期，因为缺乏帮助，中国的科技工作者面对的是极为艰难的工作，但他们勇敢地迎接挑战，用中国智慧为北斗插上了翅膀。我们的北斗不仅成长起来了，还避免了成为旧系统的复制品，创造出自己独特的优势，成了全球导航系统中一组耀眼的新星。

说起北斗系统的优势，有一项了不起的独家功能从北斗一号一直延续到了北斗三号，就是短报文服务。

简单来说，短报文服务就是让人们能够相互收发短信。在日常生活中，这也许并不特别。但是在特殊情况下，当手机没有信号，网络也连不上的时候，北斗的短报文服务就能派上大用场，甚至可以拯救人的生命。

2008年，四川汶川发生大地震，当地的电力和通信设施全部瘫痪，正是北斗的短报文服务帮助救援队发出了第一条信息，将灾区的情况准确报告给了指挥部。在接下来的救援中，这项功能也发挥了重要的作用。不必苦苦等待设施恢复，头顶的北斗就

可以用来互通消息，对身处危险中的人们来说，这就是活下去的希望。

也许你在想：听上去确实了不起，但这和全球搜救不是一回事吗？应该说，两者在功能上有相似的地方，但并不一样。使用一般的搜救功能时，你可以把求救信号发出去，但是很难和搜救中心沟通。这种感觉就好像是待在封闭的铁房子里，手里只有一个求救按钮，只能不停地按下去。短报文服务则不同，它首先是用来沟通的，因为这个沟通功能可解燃眉之急，所以它很适合参与搜救。

值得骄傲的是，掌握短报文功能的北斗为搜救功能做出了升级。通过北斗卫星求助的时候，你可以收到工作人员的"回信"，

能够得知自己大概什么时候能够等到救援。而且北斗可以通过星链传递信息，这正是另一个不得不提的创新。

北斗历程之北斗短报文终端

"北斗历程之北斗短报文终端"展品（位于中国科技馆主展厅四层"挑战与未来"A厅）展示了我国导航终端具有独特优势的短报文通信功能，可以实现卫星与用户终端的双向通信。在地面信号受阻时，可以通过终端发送短报文来传递信息。因此，终端在地震、野外和海洋救援时可以发挥重要作用。目前，中国及周边地区短报文通信单次可发 1000 个汉字，全球单次可发 40 个汉字。

　　星链,就是星间链路。有了星链,天上的卫星就不必一颗一颗独自工作,而是可以进行信息互通、相互配合。对卫星导航系统来说,星链可以减少卫星对地面工作站的依赖,甚至可以让它们在无法联系工作人员的情况下独立运转一段时间,而不会马上乱了阵脚。

　　也许对有些系统来说,星链技术是锦上添花,有了更好,没

有也无伤大雅。但对北斗而言，这是必须攻克的难关。因为中国暂时没有条件在全世界不同的地方设立地面工作站，所以北斗需要通过星链来维持日常运转。没有星链，北斗的功能就要受到限制，很难走向世界。

回忆起星链的研发，北斗三号卫星总设计师林宝军曾说："当时也有人反对研发这项技术，理由是这项技术美国人都没实现，咱们不可能做成。"星链的研发难度确实很高，但中国的技术团队依然决定迎难而上，终于拿下了全球首创的 Ka 星间链路相控阵技术。

事实上，搞定星链不仅扫清了走向世界的障碍，还让北斗的整体实力有了新的飞跃。北斗的星链技术不仅能互通消息，还能测量距离。在星链已经实现，并且正常运转的现在，林总设计师可以骄傲地告诉大家："正是因为（有）这项全世界谁都没有做过的创新技术，北斗卫星 7 万公里的测距精度达到了 1 厘米。"

北斗的"星之天团"有什么超级装备？

同样不得不提的，还有飞往高空的超级装备。在中国研发团队的努力下，北斗卫星的关键部件实现了国产化，有些高精尖设备还达到了世界一流水平。

就拿卫星导航系统的心脏来说，北斗三号卫星同时采用了国产铷原子钟和氢原子钟，两者都是自主研发的顶尖产品。

我们的第三代星载铷原子钟实现了每天一百亿分之三秒的精度，获得了国际认可。中国研制的星载氢原子钟更是实现了约1000万年仅误差1秒的精度。中国的科学家们还为北斗安排了原子钟的无缝切换技术，如果氢原子钟失效，铷原子钟可以以极快的速度"换班"，整个系统依然能够平稳运转。

有了强劲的心脏，还要有聪明的神经系统。北斗三号卫星不仅有号称"最强大脑"的信息处理系统部分基础模块，还有了不

中国科学院上海天文台
被动型星载氢原子钟

星之天团！

起的抗辐照芯片，它正是国产"龙芯"家族中的一员。

在加入北斗之前，龙芯已经经历了十几年的发展。加入北斗之后，科学家们对原有的芯片进行了进一步改进，让它更加适合在太空工作。2015年，抗辐照龙芯跟随北斗卫星升空，很快就表现出了稳定的一面。当太空中粒子的破坏性让外国芯片频频发生故障的时候，龙芯可以坚持几年不出现单粒子翻转的情况。

除此之外，北斗空间段的"星之天团"还拥有自主研发的太阳翼高模量碳纤维、堪称"卫星血管"的星上电缆网、轻便又强韧的星载天线金属网……它们共同支持着北斗的运行，也共同缔造了北斗如今的成功。

北斗的未来

看完整本书，认识了卫星导航系统，也知道了北斗的成就，你也许会提出这样一个问题：北斗背后的研发团队是不是已经实现了所有的目标，可以"躺平"休息了？

当然不是。北斗系统是冉冉升起的新星，人们依然在探索它在实际应用中的潜力。科学家和工程师还有许多想做的事情，就算已经取得了了不起的成就，他们也不愿满足于现状。他们对科技探索有着无止境的热爱，也对中国的科技发展充满期待，想要让北斗的光彩永不熄灭、照耀世界。

所以，当我们享受卫星导航系统带来的种种便利时，当我们仰望天空、寻找北斗时，请记得人类自古以来一直在询问的问题——"我在哪里？""如何才能去往我想去的目的地？"中国的北斗，世界的北斗，将为全球用户回答问题，它也会告诉你，你在新世纪，向前走就是灿烂的未来。